RECHERCHES

SUR LES AMÉLIORATIONS

AGRICOLES.

À Messieurs

les Membres du Comice les cantons

de Brénod, Champagne

Hauteville et Saint-Rambert.

RECHERCHES

SUR LES

AMÉLIORATIONS

AGRICOLES

APPLICABLES AUX CANTONS

DE BRENOD, CHAMPAGNE, HAUTEVILLE ET S.-RAMBERT.

A L'USAGE DE TOUS LES CULTIVATEURS

PAR

le Comte H. d. Angeville

LYON

IMPRIMERIE TYPOGRAPHIQUE ET LITHOGRAPHIQUE

DE LOUIS PERRIN,

Rue d'Amboise, 6, quartier des Célestins.

1842.

INTRODUCTION.

Ce que c'est qu'un Comice.

Un Comice est une réunion d'agriculteurs pratiques qui se proposent de travailler à la prospérité
d'une localité déterminée et au bien-être de ses
habitants, en appliquant la science agricole à chaque
village, et pour ainsi dire à chaque champ.

Les Sociétés d'agriculture départementales, em-
brassant dans leurs sphères une grande variété de
climats, ne peuvent s'occuper que de propager les
principes généraux d'une bonne agriculture (1).

Les Comices sont appelés à en faire une application plus directe, à leur faire subir l'épreuve

(1) Dans quelques départements, les Sociétés d'agriculture
remplissent les fonctions de Comice pour le canton du chef-lieu,
et sont en général les Comices les plus utiles.

1

décisive de l'expérience locale, et à réduire les théories à {ce qu'elles ont de réellement utile et applicable à chaque espèce de terrain.

Notre Comice sera donc un point central où les agriculteurs de nos cantons viendront périodiquement faire échange des résultats de leurs expériences, s'entretenir de leurs projets ultérieurs d'amélioration, et des moyens d'en assurer le succès. En un mot, notre Comice doit être une propagande des meilleures méthodes : c'est d'après ces principes que le Bureau s'efforcera d'en diriger la marche. Il provoquera par tous les moyens en son pouvoir un mouvement d'amélioration ; dès que ce mouvement se manifestera quelque part, sa mission est de le mettre en lumière et de le propager par des mentions honorables, par des primes, et par tous les moyens de publicité dont il peut disposer.

Que chacun travaille à faire prospérer son village, son hameau, son champ ; que chacun double ses produits, et de ce travail individuel résultera l'aisance pour tous, et pour la France en général une prospérité bien autrement grande que celle qu'on poursuit si péniblement dans la carrière du commerce et de l'industrie.

Amélioration de l'agriculture, bien-être des habitants, voilà ce que nous voulons tous. Pour atteindre ce double but, par où commencerons-nous?

Il convient d'abord de se rendre compte du sol et des éléments divers sur lesquels notre Comice doit étendre son action.

— 3 —

Statistique du Comice.

Le cadastre nous fournit les documents suivants :

	hect.	ares.	cent.
Terres.	14,856	62	52
Jardins.	76	55	06
Chenevières.	38	58	02
Vignes.	606	79	14
PREMIER TOTAL. . .	15,578	54	54
Bois sapins.	5,526	50	59
Bois blancs, futaies, taillis, broussailles.	6,812	24	75
Hermitures, pâtures, friches, rochers, etc. . . .	8,280	09	79
(1) TOTAL , hectares.	54,197	19	67

divisés en trois cantons formant 59 communes, exploités par une population de 22,557 âmes, qui possède pour exploiter et fertiliser son sol :

Bœufs.	5,260
Vaches.	10,186

(1) Les calculs que nous présentons ici, comme tous ceux qu'on trouvera dans la suite, ont été puisés à la sous-préfecture de Belley, et sont seulement relatifs aux cantons de *Champagne*, *Hauteville* et *St-Rambert*, n'ayant pu me procurer ceux du canton de Brenod, dépendant d'un autre arrondissement.

Elèves d'un an et de deux ans. . .	4,601
Moutons.	12,585
Chèvres et Boucs.	983
Porcs.	943
Chevaux et Juments.	448
Elèves au-dessous de 18 mois, hivernés dans le pays.	25
Elèves au-dessous de 18 mois, achetés en juin, revendus en novembre, et nourris au pâturage.	116
Mulets.	154
Anes.	175

Notre sol, généralement calcaire (1), peut se diviser en trois zônes agricoles bien distinctes.

La première comprend les terrains où la vigne et le mûrier croissent facilement; elle commence au plus bas de nos vallées, et s'élève un peu au-dessus du pont de St-Germain.

La seconde zône, et de beaucoup la plus importante, commence où la vigne cesse de donner de bons produits, et s'étend jusqu'à la limite inférieure des sapins, hauteur variable suivant diverses circonstances locales de sol et d'exposition.

Cette zône est plus particulièrement propre à la

(1) Quelques crêtes de montagnes et quelques plateaux du Valromey ne le sont pas.

Le sol des très vieux prés, presque tout composé de détritus, est aussi privé de calcaire.

Du reste, la marne se trouve abondamment sur tous les points de notre Comice.

culture des céréales et à l'établissement des prairies artificielles.

La troisième comprend tous les terrains situés au-dessus de la limite inférieure des sapins, et s'élève jusqu'au sommet de nos montagnes.

Cette zône est exploitée par des granges éparses çà et là au milieu des bois et sur les plateaux élevés. On peut encore, dans cette zône, se livrer avec succès à l'agriculture pastorale et à la silviculture.

Le sol est généralement possédé par le cultivateur ; il y a très peu de propriétaires forains, si ce n'est dans la troisième zône.

Climat.

1re *zône*. — Le printemps y est précoce, l'été chaud, et l'automne s'y prolonge beaucoup. Sa température, généralement élevée, convient parfaitement à la culture de la vigne et du mûrier.

Très rarement les fortes gelées et les neiges y sont un obstacle aux travaux des champs ; quelquefois l'hiver s'y passe inaperçu, et l'on peut estimer à dix ou onze mois le temps des travaux rustiques.

2e *et* 3e *zône*. — Dans ces deux zônes le climat est âpre, et l'hiver long ; il est généralement de quatre à cinq mois pour l'une, et de six pour l'autre. Pendant tout ce temps, la neige et les gelées sont ordinairement un obstacle aux travaux extérieurs.

Eaux.

Nos cantons sont assez bien pourvus d'eaux de sources.

Notre terrain, calcaire et assez perméable, absorbe facilement les eaux pluviales.

Mais quand les pluies se prolongent, les eaux réunies en torrent roulent avec fracas jusqu'à ce qu'elles arrivent aux rivières de Seran ou de l'Albarine.

Ces rivières rachètent d'abord par de nombreuses cascades les pentes rapides et parfois abruptes de nos hautes vallées, tandis qu'elles couvrent quelquefois de leurs eaux les vallées inférieures.

Météréologie.

Nous manquons d'observations assez anciennes et assez nombreuses pour donner des résultats même approximatifs sur la température thermométrique et hygrométrique de notre Comice.

Quant à la quantité d'eau pluviale qui tombe dans nos cantons, nous savons, par les observations faites à St-Rambert par M. *Sauvannau*, qu'en novembre 1840 elle a été de 95 millimètres en 24 heures. A la même époque, elle a été de 280 millimètres en

60 heures à *Marciat* près *Cuiseaux*. (On se rappelle que ce fut l'année de désastreuse mémoire pour les inondations.)

En 1838, il est tombé à St-Rambert 165 cent. de pluie, tandis que la même année il n'en est tombé à Lyon que 56 cent.

A *Marciat* près *Cuiseaux*, il tombe en moyenne. par année, 120 cent.

A *Bourg*, il en tombe 1/6 de moins qu'à *Marciat* : donc 100 cent.

En 1838, il y a eu à peu près le même nombre de jours de pluie à Lyon qu'à St-Rambert; par conséquent, dans cette dernière ville, les jours de grande pluie ont été bien plus fréquents.

Ces divers documents sembleraient établir qu'il tombe plus de pluie sur les montagnes que dans la plaine, et que la quantité d'eau pluviale suit une proportion décroissante en se rapprochant de la Saône.

En effet :

A St-Rambert, dans la montagne.	165 cent.
A Cuiseaux, au pied des montagnes.	120
A Bourg, à six kilomètres de la montagne.	100
A Lyon, sur la Saône.	56 (1)

(*Journal d'Agriculture de l'Ain*, 1841.)

(1) On voit dans la Description de l'Auvergne, page 97 , « que la position élevée du Mont-Dore contribue beaucoup à « augmenter la quantité d'eau que les pluies y versent plus « fréquemment qu'ailleurs. »

Reste à observer si les gorges étroites , telles que celles de St-Rambert , sont , relativement à la quantité d'eau pluviale , dans les mêmes conditions que les plateaux élevés et les cimes des montagnes. D'ailleurs les observations , suivies pendant une année seulement à St-Rambert, ne suffisent pas pour établir définitivement un système.

L'évaporation est en moyenne d'un mètre par an , sur une surface d'eau telle qu'un étang , c'est-à-dire 2 millimètres 3/4 par jour.

Il a aussi été reconnu que l'air est un agent bien plus actif d'évaporation que la chaleur.

Le vent du nord. est le vent du beau temps dans notre pays.

Le vent du midi , est le vent de la pluie.

Les vents d'est y sont rares, et annoncent ordinairement le beau temps.

Les vents d'ouest, plus rares encore, sont toujours précurseurs des orages.

Les communes de *Songieu* , *Brenaz*, *Lochieu* et *Passin* sont sujettes à des bises très violentes , dites *bises de Sothonod :* elles endommagent fréquemment les habitations, et égrènent souvent les récoltes au moment de leur maturité : elles s'affaiblissent ensuite rapidement en s'éloignant de ces parages.

Le vignoble de Culoz , par sa position au pied du Colombier , est plus exposé que tout autre dans nos cantons aux ravages de la grêle, assez rare dans le reste de notre Comice.

Les gelées blanches du mois de mai , quelquefois

même du mois de juin , sont un sinistre grave qui afflige souvent, et pour ainsi dire incognito, nos vallées et nos plateaux élevés.

Hauteurs.

Il n'est pas inutile, pour la bonne direction de l'agriculture, de connaître la hauteur absolue de quelques points de nos cantons. Cette connaissance sera souvent la cause déterminante de diverses opérations agricoles.

Valromey et pays vignoble du canton de St-Rambert.

	mètres.
Colombier du Valromey	1,530
Cuerne.	1,446
Grange du Cimetière	1,420
Retord . 1,520. — Signal	1,525
Planachat , 1,237. — Signal . . .	1,250
Grange-Ravière	1,247
— Crête.	1,191
— Rhémond	1,170
Sur la Roche-Pignon.	1,162
Les Montdains, 1,150. — Signal. .	1,136
Grange-Rouget	1,120
Golet de La Rochette.	1,120

1*

mètres.

Grange La Rochette, pignon. . .	1,020
Sothonod, tour	880
Petit Abergement, clocher. . . .	778
Hautonne	760
Étang de Songieu	744
Plateau de Chemillieux.	717
Clocher de Brenaz, sol	700
Lompnieu	660
Sutrieu	620
Lochieu	620
Champagne	559
Hostel, faîte du Château	550
Luthezieux, maison Pernéti . . .	523
Confluent de Seran et du ruisseau de Passin	478
Chaley, seuil d'église, 451.—Clocher.	444
Mamelon d'Artemare	410
Gramond	410
Culoz	322
Tenay, pont	328
St-Rambert, terrasse de la Fabrique.	311
Béon	300
Lavours, tour du Château . . .	264
On peut évaluer que le marais de Culoz et de Lavours, point le plus bas de notre Comice, est à	231

Dans le seul canton de Champagne, on voit que du plus bas de la vallée d'Artemare (marais de Culoz) au sommet du Colombier, il y a 1.299 mètres de différence de niveau, entre deux points qui ne sont pas éloignés de 2,000 mètres en ligne horizontale.

Vallée d'Hauteville.

	mètres.
Crêt de Planachat, 1,237 — Signal .	1,250
Pras-Peret, limite	1,154
Golet de La Rochette.	1,120
Cornillon de Roche-Taillée. . . .	1,111
Mazière, seuil de la grange. . . .	1,101
Grange du Veli, seuil	1,094
Crêt de Dergil, vis-à-vis Pras-Jaret .	997
Roche-Taillée, pont.	975
Lompnès, perron du Château. . .	901
Grange du Lood	797
Grange l'Ésine	771

Vallées de Champdor et de Longecombe.

Crêt l'Avocat, signal	1,017
Crêt de Dergil	997
Cornillon de Longecombe	878
Corcelles	870
Champdor.	850
Longecombe	830
Corlier.	780
Lantenay.	750

mètres.

Vieux-d'Izenave	675
Maillac, clocher.	554
Montréal, clocher.	525

Canton de St-Rambert.

St-Rambert, terrasse de la Fabrique.	544
Champ de Rossillon, chartreuse de Portes.	1,025
Hostias.	850
Arandas	770
Les Fesses St-Jérôme	750

Quelques hauteurs hors de notre Comice.

Mézen, point le plus élevé des Cevennes.	1,997
Pic de Sancy, le plus élevé du groupe des Monts-Dore.	1,889
Crêt du Creux de la Neige, le plus élevé du Jura.	1,725
Colombier de Gex	1,690
La Dôle-Jura	1,680
Les Rousses, clocher	1,151
La Grande-Chartreuse (Isère). . .	1.006
Château des Alimes, à Ambérieux. .	680
Gex, entrée de la boule du clocher .	679
Châtillon-de-Michaille	550
Maillac.	554
Montréal	525

	mètres.
Massif de Pierre-Châtel	400
Contrevoz.	580
Mont-Vert de Lagnieu	560
Groslée.	500
Musin , près Belley	500
Pont-d'Ain , pignon du Château . .	299
Ambronay , tour du Couvent . . .	297
St-Jean-le-Vieux . clocher	291
Ceyzérieux.	290
Place de Belley	280
Bourg , sommet de la lanterne Notre-Dame	275
La Servette . château.	275
Chazey.	260
Verna (Isère), tour du Château . .	256
Villebois	250
Hameau de Diane , le plus élevé du groupe des Monts-Dore.	1,555
Briançon (Hautes-Alpes) , ville la plus élevée d'Europe	1,500
Dans les Monts-Dore, des hameaux et villages en assez grand nombre existent entre . . . . . . 1,408 et	1,170

On s'est en général occupé de déterminer la hauteur des montagnes, des cols (soit *golets*) et des villages ; mais on manque de documents sur la hauteur du fond des vallées et du talvègue des eaux.

N'ayant point dans nos cantons d'observations analogues à celles que je donne ci-après, et que j'ai prises dans la Description de l'Auvergne , je les transcris comme documents qui pourront servir de termes de comparaison.

. Dans le département du Mont-Dore, au-dessus de 1,500 mètres , on ne trouve plus que des pâturages qui se convertissent progressivement en mousses en arrivant au sommet des montagnes.

Le sapin prospère sur une échelle verticale de 600 mètres , c'est-à-dire de 900 jusqu'à 1,500 mètres d'élévation.

Au-dessus et au-dessous de cette zône, on n'en trouve plus.

	mètres.
Quelques espèces de genêts végètent jusqu'à	1,500
Le seigle peut encore croître à . .	1,550
Le lin à	1,180
L'avoine à	1,100
Le noyer ne peut plus se développer au-dessus de	1,000
Le cerisier , *id.*	1,000
Le prunier , *id.*	1,000
Le chanvre se cultive encore à . .	1,000
La pomme de terre à	1,000
Les vergers pourraient, avec quelques soins, donner des fruits jusqu'à . . .	900
Les fromageries de Gruyère ont réussi à Ceyzérieux (Ain), élevé seulement de	290
Tandis que dans le Jura les fromageries de Gex ne réussissent plus au-dessous de	500

Dans le Jura on a remarqué qu'à égalité de sol et d'exposition, les moissons avaient cinq jours de retard pour chaque 100 mètres d'élévation.

Dans nos cantons, la vigne ne donne de bons produits qu'au dessous de 500 mètres.

La circonscription de notre Comice, quoique assez restreinte, embrasse pourtant des climats et des cultures très divers.

Il faut que chaque climat, chaque culture ait ses hommes spéciaux qui étudient plus particulièrement ses éléments de prospérité.

La division de notre Comice en trois zônes agricoles, toute logique qu'elle est, n'a pu être adoptée pour fractionner notre Comice; elle n'eût point fourni assez de Sections, elle n'eût point assez divisé le travail : il a donc paru plus convenable de le diviser en huit Sections.

1re *Section*. — Terres, assolements, engrais, instruments aratoires, prairies artificielles.

2e *Section*. — Prés, vergers, noyers, irrigations.

3e *Section*. — Fruitières.

4e *Section*. — Élève des bestiaux, engraissements.

5e *Section*. — Culture de la vigne.

6e *Section*. — Mûriers.

7e *Section*. — Silviculture.

8e *Section*. — Hygiène humaine et vétérinaire; objets divers.

Tous les membres du Comice ont donc été répartis dans ces huit catégories, pour se livrer à l'étude spéciale assignée à chacune d'elles et aux expériences pratiques qu'elle nécessite.

Pour donner de l'ensemble au travail, le Bureau a indiqué, outre la division par Sections, le plan sur lequel chacune d'elles devait travailler.

Il a indiqué que le travail de chaque Section serait divisé en trois chapitres.

Le premier sera le tableau de ce qu'était notre pays à une époque antérieure peu éloignée.

Le second sera la statistique exacte de ce qui existe aujourd'hui, afin de pouvoir juger du progrès obtenu dans ces derniers temps. Elle servira aussi de terme de comparaison pour juger ceux que nous espérons obtenir dans un avenir peu éloigné.

Le troisième, enfin, traitera des améliorations qu'on peut espérer, et des moyens d'exécution. — Aucun soin, aucune peine ne doivent être épargnés pour donner à cette dernière partie toute son utilité pratique, car en elle est tout l'avenir de notre Comice.

En résumé, rechercher les bonnes théories, en faire l'expérimentation locale, les faire adopter, être en un mot l'âme de toutes les améliorations, voilà la mission d'un Comice.

1re SECTION.

Terres, Engrais, Assolements, Instruments aratoires, Prairies artificielles.

—

CHAPITRE 1er.

CE QU'ÉTAIENT NOS CANTONS IL Y A 40 ANS.

La Section des terres, surtout dans la zône moyenne de notre Comice, est celle qui a le plus d'importance. soit à cause de son étendue relative, soit par le nombre de bras qu'elle occupe, soit pour le genre de ses produits. C'est elle qui nous fournit les céréales, principale et presque l'unique nourriture de nos populations.

Voyons d'abord quel était l'état de notre agriculture il y a 40 ans.

Nous nous occuperons ensuite de fixer l'état où elle se trouve aujourd'hui.

Et enfin, pour satisfaire au programme du Bureau. nous terminerons en indiquant les divers genres d'améliorations qu'on pourrait introduire chez nous avec succès.

En nous occupant des terres, des assolements, des instruments aratoires et des prairies artificielles, nous avons plus particulièrement en vue la zône moyenne de notre Comice : car il existe peu de terres arables dans celle des vignobles, et elles forment, à raison de leur fertilité naturelle, une catégorie exceptionnelle.

Il en sera donc traité conjointement avec la vigne, étant presque toutes susceptibles d'être transformées en hautains (1).

Nous ne parlons également ici que pour mémoire des terres arables de la troisième zône, située au-dessus de la limite inférieure des sapins.

L'orge et l'avoine, autrefois comme aujourd'hui, sont les seules productions qu'on peut espérer de ce sol : heureux quand les premières neiges permettent à ces céréales d'arriver à maturité !

(1) Ce qu'elles étaient il y a 40 ans est encore ce qu'elles sont aujourd'hui. La culture y était déjà bien plus avancée que dans les pays de montagne, grâce à la fertilité du sol et aux immenses blachères du marais de Culoz, qui produit abondamment les engrais nécessaires aux vignes et aux champs.

L'agriculture de Flandre, de Belgique et d'Alsace est celle qui pourrait offrir le plus d'utiles enseignements applicables à cette localité.

Je me bornerai seulement à dire ici, qu'en Flandre et en Belgique jamais de repos à la terre ; habituellement même on exige d'elle de doubles récoltes : mais aussi c'est le pays où on entend le mieux l'alternance des récoltes et la production d'engrais variés, qui permet de donner un engrais ou un amen-

Aussi les habitants des granges, comme en général toutes les populations vivant du produit de leur sol, avaient une nourriture des plus misérables : satisfaits cependant du petit produit qu'ils obtenaient de leurs bestiaux sans grand travail, ils menaient une vie tranquille et exempte de soucis.

Dans cette zône, toute culture doit être restreinte autant que possible pour s'occuper exclusivement de l'élève du bétail et de ses produits en fromage.

Cette zône, comme on le voit, rentre complétement dans la Section des *prés*.

Mais c'est dans la zône moyenne de notre Comice que la Section des *terres* a une importance considérable : car non-seulement elle fournit les céréales nécessaires à sa population, mais encore elle supplée, en cas de déficit, à ce qui manque aux deux autres zônes.

Il y a 40 ans, nos terres étaient presque toutes

dement quelconque au sol, chaque fois qu'on y dépose une graine.

C'est par ces moyens qu'on a amené à ce haut point de prospérité, aujourd'hui cité dans l'Europe entière, des terrains intrinsèquement médiocres.

Par exemple, dans le pays de Waës (Belgique), un hectare semé en froment produit. . . . . 40 hect.

Avoine. 60

Pommes de terre. 500

Trèfle. . . . . . . · 90 à 100 quintaux métriques.

Et ces produits, je le répète, ne sont pas dus à la richesse naturelle du sol ; ils sont seulement le résultat d'énormes fumures joiates à une culture soignée.

surmontées d'hermitures, et dans le bas bordées de
haies démesurément larges ; des murgés épars çà et
là diminuaient d'autant l'action de la charrue.

Les terres, pour la plupart remplies de rochers, ne
pouvaient guère se cultiver qu'à trois ou quatre
pouces de profondeur.

Nos quatre cantons, comme le reste de l'Europe,
ont subi dans les temps anciens la nécessité de l'assolement triennal, et il y était encore rigoureuse-
ment suivi il y a 40 ans : blé d'hiver, céréales de
printemps, jachères (*Somard*).

Ce mode de culture, dont l'origine se perd dans la
nuit du moyen-âge, fut un progrès à l'époque de son
introduction, car il put longtemps satisfaire à tous
les besoins.

Aujourd'hui, cependant, l'assolement triennal est
réprouvé par tous les agronomes instruits.

Dans quelques siècles il en sera peut-être de
même de notre assolement alterne qui est un progrès
vers lequel tous nos efforts doivent se diriger, en
attendant qu'un nouvel accroissement de population
le rende encore insuffisant à produire ce qu'on sera
obligé de demander à la terre pour nourrir une population plus compacte.

Quoi qu'il en soit, l'assolement triennal pur étant
le seul connu dans nos contrées à l'époque qui nous
occupe, le seigle et l'orge formaient la nourriture habituelle des habitants. Le méteil (blondé) était semé
sur les meilleures terres, qui appartenaient en général
aux familles les plus aisées. Le froment était à l'état
d'essai.

La pomme de terre se cultivait dans les jardins , les chenevières , et exceptionnellement dans une très petite partie des meilleurs champs. Avant cette époque, notre pays était affligé par de fréquentes disettes.

Les premiers essais de trèfle furent malheureux. Semé et abandonné plusieurs années de suite sur le même terrain sans plâtre et sans engrais , il réussit mal , salit et épuisa les terres ; on s'en dégoûta.

L'esparcette (*pélagra*) mal semée et jamais plâtrée, reléguée sur les terrains les plus arides , n'était point appréciée ce qu'elle vaut.

Les *fumiers* , généralement mal tenus , souvent placés sous l'égout des toits ou sur le ruisseau des chemins , alternativement délayés par les eaux et brûlés par le soleil , arrivaient sur les champs privés de moitié de leurs sels fertilisants.

Le produit du *bétail* était presque nul. De là l'abandon dans lequel languissait une race dégénérée , qui, nourrie l'hiver avec trop de parcimonie, gagnait à grand'peine l'époque du pâturage. Dans cet état, il lui fallait tout l'été pour se remettre des souffrances de l'hiver.

Les *maisons*, enterrées et par conséquent humides. privées d'air et de jour, n'offraient à leurs habitants que des demeures tristes et malsaines.

C'était dans l'intention de se garantir du froid qu'on recherchait autrefois, pour bâtir, les positions sur un terrain incliné qui permettait d'enterrer le rez-de-chaussée de deux et quelquefois de trois côtés.

Les *étables*, comme on le pense bien, n'étaient pas mieux soignées que l'habitation de la famille; de plus, les planchers construits à dessein, de manière à laisser passer les urines dans les excavations pratiquées au-dessous, étaient et sont peut-être encore aujourd'hui la cause de la péripneumonie qui sévit quelquefois d'une manière si terrible dans nos contrées.

Les *bois*, même les bois noirs, à cette époque avaient peu de valeur. Quelques villages, cependant, faisaient dès-lors un commerce de planches et de liteaux assez important.

Un *hivernage* de quatre ou cinq mois, dont les premières semaines seulement étaient utilisées au battage des grains, a porté, de temps immémorial, nos populations à émigrer périodiquement pendant cette saison pour aller au loin peigner le chanvre dans les pays dont les populations plus aisées dédaignaient ce travail pénible.

Dans chaque village, quand on calculait l'argent sortant du pays pour l'impôt, pour le paiement du cens de quelques propriétaires forains, pour achat de vêtements et d'objets de première nécessité, tel que le sel, etc., on ne voyait pour toute compensation que le seul argent que rapportaient les peigneurs de chanvre.

Aussi, toutes les familles étaient obérées de dettes qu'elles ne savaient comment payer; il y avait toujours beaucoup plus de fonds à vendre qu'il n'y avait d'acheteurs.

L'usure était la plaie vive de nos pays.

Beaucoup de cultivateurs n'étaient point propriétaires des bœufs qu'ils employaient à la culture ; ils en devaient le prix.

Dans quelques villages ils étaient dans l'usage d'acheter chèrement des bœufs au printemps , pour les revendre à perte à l'automne.

Les meilleures terres se vendaient 200 et 500 fr. le 1/4 d'hectare ; celles de qualités inférieures n'avaient, pour ainsi dire, aucun cours vénal. Par suite, l'amodiation des terres était à un taux excessivement minime , et encore ne trouvait-on à amodier que les meilleures.

Les vêtements de drap étaient presque inconnus à nos populations , et les souliers étaient un objet de luxe.

De cet état de gêne résultait une apathie physique et morale qui les rendait indifférents au bien-être résultant de la propreté et de ce premier luxe regardé aujourd'hui comme le nécessaire.

Cependant, malgré cet état de choses , l'habitant de nos montagnes aimait son pays et y vivait heureux , se souciant peu d'améliorer son bien ni d'augmenter son avoir; pourvu qu'il vécût tranquille, il était indifférent sur le présent et insouciant de l'avenir, quand il avait dans son grenier du blé pour aller jusqu'à la récolte prochaine. Il avait une philosophie pratique qui, pour lui, suppléait à tout.

CHAPITRE II.

État actuel de l'agriculture dans nos contrées.

COUP D'OEIL GÉNÉRAL.

Depuis quelques années , un mouvement d'amélioration agricole se manifeste de toutes parts dans nos pays. Quelques communes cependant restent encore stationnaires au milieu de ce progrès général : espérons qu'entraînées par l'exemple , elles ne tarderont pas à y participer.

Presque partout la culture a gagné sur les hermitures , et a restreint à de justes proportions les haies qui occupaient une place usurpée sur les champs. Les murgés ont été enterrés ou utilisés sur les chemins : les champs, devenus plus précieux, ont été purgés des pierres qui gênaient la charrue.

Le nombre de propriétés closes augmente annuellement , et les *clôtures* sont mieux respectées.

Au nord de *Champagne* , des *défrichements* de pâturages assez importants ont été effectués.

Dans la vallée d'Hauteville et dans le Valromey , il y a déjà quelques exemples d'*étangs* construits dans le but unique d'arroser des terres arables converties en prés. Il y a aussi quelques exemples d'assolement quatriennal ayant parfaitement réussi.

Le marais du *Lood*, sous *Cormaranche*, jadis totalement improductif , est aujourd'hui couvert de belles récoltes. Les premiers essais de défrichement remontent à 1842.

Les *instruments aratoires* en usage dans le pays n'ont point varié depuis un temps très éloigné. La charrue avec avant-train , soc fort et pointu , poussant la terre plutôt qu'il ne la tourne, est la seule connue dans tout notre pays. Bien appropriée aux sols très rocailleux, elle ne pourra être améliorée que quand nos terres seront complétement purgées de rochers à 9 ou 10 pouces de profondeur. La herse triangulaire et le rouleau complètent la collection de nos instruments aratoires.

Dans le canton de Champagne , il existe pourtant quelques charrues perfectionnées et quelques instruments destinés à économiser la main-d'œuvre; notamment une machine à battre , de grande dimension.

D'autres machines à bras , importées du pays de Gex , ont aussi été mises en essai dans le canton d'Hauteville, et paraissent devoir être adoptées.

La première année de l'*assolement* , de belles récoltes de froment couvrent nos meilleures terres. Le méteil (blondé) est cultivé sur la majeure partie de cette sole, et le seigle est relégué sur les terres les plus inférieures. Malheureusement on reconnaît dans les finages les champs qui ont produit des pommes de terre l'année précédente à l'état d'infériorité des blés.

Après le blé, on sème toujours de l'orge : il vient mal à cette place, surtout quand il a été semé la deuxième année après le trèfle ; l'avoine conviendrait mieux.

Le pays produit du grain pour sa consommation ; il n'est pas désirable qu'il en produise au-delà. Tout ce qui n'est pas nécessaire à la nourriture de l'homme, doit être consacré à la production des fourrages, pour nourrir des bestiaux et produire des engrais.

La culture de l'esparcette a déjà pris de l'extension ; mais le cultivateur, content de ce qu'elle produit comparativement au sol ingrat qu'elle occupe, soigne peu sa culture ; elle devrait être bien plus étendue.

Le chanvre et le lin se cultivaient jadis, pour le besoin de la famille, sur des terrains spéciaux (chenevière). Le lin a complétement disparu. On continue à cultiver le chanvre, dans la proportion des besoins du ménage.

Sa culture ainsi restreinte est utile, sans nuire essentiellement à l'agriculture. Cette plante, exigeant beaucoup d'engrais et ne rendant rien à la terre, serait très nuisible si sa culture prenait de l'extension.

La betterave, dans quelques communes, se trouve aujourd'hui juste au point où était la pomme de terre il y a cinquante ans. Espérons qu'elle fera aussi son chemin dans notre pays.

Les *fumiers* sont menés deux fois par an sur les terres, en automne pour les blés, et au printemps pour les pommes terre ; ils sont généralement mieux tenus ; mais, pour cette partie, nous avons beaucoup à améliorer. Les engrais liquides et les produits des fosses d'aisance, au lieu d'être mis à profit, sont encore une source d'infection aux alentours des bâtiments.

La commune de *Mont-Griffon* a su utiliser ses *marnes*, pour augmenter les produits de ses terres, de ses prés ; plusieurs autres communes pourraient sûrement aussi utiliser les leurs.

L'introduction des *fruitières* ayant donné de la valeur au laitage, on a mieux soigné les vaches. Par suite, la race s'est déjà fort améliorée, par le double effet des croisements et des meilleurs soins. Nous aurons bientôt une race qui nous sera propre et qui, une fois connue, sera recherchée au dehors et pourra devenir un objet important de commerce.

Comme tout se tient en agriculture, les vaches, mieux nourries, ont augmenté de taille et de vigueur : dès-lors on a pu les atteler et s'en servir pour la culture. Il serait bien à désirer que cet usage se généralisât promptement. C'est surtout dans les communes où l'on était dans l'usage d'acheter des bœufs de labour au printemps, et souvent à crédit, pour les revendre à grande perte à la fin de l'automne, qu'on apprécie mieux l'utilité des attelages de vaches.

L'introduction des fruitières dans nos contrées a aussi rétabli un heureux équilibre entre l'argent qui en sort et celui qui y rentre.

Nous sommes pourtant encore tributaires de l'Auvergne pour les bœufs de haute taille, qu'elle nous expédie chaque année ; mais, au bout de quelque temps d'un bon service, ils sont engraissés et envoyés avec profit aux boucheries de Lyon.

Cependant nous pourrions nous affranchir de ce tribut en élevant nous-mêmes les bœufs qui nous sont nécessaires ; ceux que nous produisons sont robustes, sobres, bons travailleurs, et de bon engrais : ils pêchent seulement par le défaut de taille.

HABITATIONS.

Les maisons, jadis privées d'air et de lumière, enterrées et par conséquent humides, s'assainissent chaque jour. On exhausse les rez-de-chaussée, on pratique des ouvertures et on isole les bâtiments des terrains qui les dominent. Mais c'est surtout dans la construction des maisons neuves qu'on remarque cette attention à se procurer des habitations bien aérées, pourvues de jours suffisants et distribuées d'une manière commode.

Dans les vieilles maisons, on a peu fait pour assainir les étables : on en voit cependant déjà quel-

ques-unes pourvues de pierres-rigoles qui portent
les urines au dehors. Il serait bien à souhaiter que
cette excellente méthode se propageât.

INDUSTRIE.

L'exploitation régulière des bois et leur haut prix
ont fait de leur commerce une industrie spéciale ,
mais malheureusement peu lucrative pour les cultivateurs qui viennent en aide aux marchands pour
l'exploitation.

De nombreuses scieries sont employées à les
transformer en planches , surtout dans la vallée
d'Artemar , où des cours d'eau constants ont fixé
une exploitation régulière et le centre du commerce
des bois.

Le blanchissage des toiles , tirées de Lyon en
grande partie , était une industrie déjà exercée en
grand dans la vallée de St-Rambert au temps ancien.
Le tissage des toiles plus ou moins fines , mais
d'excellente qualité, y occupait aussi les loisirs de
quelques familles.

Aujourd'hui , ces deux industries tendent sensiblement à décroître ; mais, par compensation , de
grandes filatures se sont établies sur les chutes que
l'Albarine offre pour ainsi dire à chaque pas. Elles
fournissent au commerce de Lyon la matière première de ses tissages de luxe , et sont pour la
vallée de Tenay et St-Rambert une source de
prospérité.

L'émigration périodique pour peigner le chanvre
a diminué dans la proportion de l'aisance des habitants, et ne s'est maintenue dans toute son activité
que dans les communes tout-à-fait stationnaires.

L'amélioration des anciennes voies de communication, et la création de nouveaux chemins de
grande vicinalité, favorisent l'échange et l'exportation
de nos produits agricoles qui s'argentent assez facilement.

MANQUE DE CAPITAUX.

Cependant notre agriculture manque toujours de
capitaux : beaucoup de familles sont obérées, et ne
trouvent point à emprunter. Malheureusement le
cultivateur n'est point exact à servir les intérêts, et
c'est pour cela qu'on craint de lui prêter.

COUP D'OEIL SUR LA POPULATION.

Néanmoins les habitants de nos campagnes, profi-
tant d'une plus grande aisance, sont presque tous
vêtus de drap ; les plus pauvres même portent habituellement des souliers. Quelque chose déjà est
donné à l'élégance de la mise : la robe de drap en
hiver, et le tablier de soie en été, commencent à
devenir pour les femmes l'indispensable vêtement du
dimanche.

Déjà l'on sait apprécier l'ordre et la propreté dans
l'intérieur des ménages.

L'aisance ayant augmenté , le sol produisant de meilleurs grains, et la meûnerie s'étant perfectionnée, la nourriture habituelle de la famille a nécessairement suivi la même progression (1).

Dans l'intérêt du bien-être des habitants , il est regrettable qu'une partie du vin qui se boit le dimanche au cabaret ne se consomme pas journellement dans l'intérieur des ménages.

Les cabarets , les cafés , les billards , la fréquentation trop habituelle des foires et des marchés , sont la cause du dérangement de bien des fortunes , ainsi que le trop de propension qu'ont bien des personnes à faire régler leurs différends par la justice.

Le moral de nos populations a aussi subi quelques modifications depuis quarante ans.

A cet esprit d'indifférence pour le présent et d'insouciance pour l'avenir ont succédé l'ambition d'acquérir , de posséder plus de sol, l'amour-propre d'avoir des fonds bien tenus et un bétail plus beau. le désir d'être mieux vêtu et mieux logé.

(1) En Lorraine chaque ménage tue un cochon tous les ans. Les plus petits ménages en tuent un par moitié.

Dans le département de l'Isère on tue les vieilles vaches. et on les sale comme le porc. On calcule que cette viande ne revient pas à plus de 25 centimes le kilogramme.

Les habitants de divers pays, privés de la vigne comme la majeure partie de nos cantons , ne boivent jamais de l'eau pure ; ils fabriquent pour leur usage habituel une bière de ménage saine et agréable. Le vin est réservé pour les dimanches et jours de grands travaux.

Quelques communes, sous ce rapport, sont en fièvre de progrès.

Cet esprit, contenu dans de certaines bornes, est bon à entretenir ; l'excès seul en serait fâcheux : car, aujourd'hui que tout marche si vite autour de nous dans les arts et l'industrie, avancer lentement en agriculture ce serait encore reculer.

CHAPITRE III.

Améliorations à introduire dans nos cantons.

RAPPORT QUI DOIT EXISTER ENTRE LES TERRES
ARABLES, LES FOURRAGES, LE BÉTAIL
ET LES ENGRAIS.

Dans tous les pays où la culture est bien entendue, on calcule qu'une fumure entière tous les quatre ans est nécessaire pour entretenir la terre en bon état.

Par fumure entière on entend 5 quintaux métriques par are de bon fumier, environ 75 voitures par hectare.

On calcule encore qu'une tête de gros bétail nourrie toute l'année à l'étable, et consommant par jour 12 à 15 kilogrammes de bon foin ou son équivalent (1), est nécessaire pour produire cette quantité de fumier, en y joignant 2 à 5 kilogrammes de paille pour litière; ou, en d'autres termes, il faut avoir annuel-

(1) Voir à la fin du volume, page 96, Tableau comparatif de la valeur nutritive de diverses substances alimentaires.

lement environ 50 quintaux métriques de bon foin, ou son équivalent, à convertir en engrais, pour chaque hectare de terrain qu'on cultive (100 quintaux, ancien poids).

Admettons pour nous ce calcul généralement adopté par tous les agronomes ; et alors, tenant compte de notre plus petite espèce de bétail, dont la nourriture, pour les vaches du moins, n'arrive jamais à 5 ou 6 kilogrammes de bon foin par jour avec peu ou point de litière, tenant compte aussi de l'usage général de nourrir exclusivement le bétail au pâturage pendant toute la belle saison, nous verrons que pour établir une juste compensation il faudra au moins deux têtes de notre bétail pour le bon entretien d'un hectare de terre ; et, dans quelques communes peut-être, devrait-on en compter jusqu'à deux et demie (1).

(1) En Flandre et en Belgique, pays modèles pour l'excellente agriculture, on ne compte pourtant qu'une tête de gros bétail pour 150 ares.

Mais ce bétail est de très forte taille, et très abondamment nourri. Au moyen des écuries belges qui ne laissent échapper aucune urine, et du soin tout particulier qu'on met à les faire absorber par d'abondantes litières, des marnes, et faute de mieux, par de la terre, ils se procurent tout l'engrais nécessaire.

D'ailleurs ils aident leur agriculture par l'emploi de la chaux, de la marne, des cendres de tourbe, et par des tourteaux d'huile ; ils recueillent très soigneusement les vidanges de leurs fosses d'aisance, et enrichissent encore leur sol de toutes celles des grandes villes qui sont si rapprochées dans les départements du nord. (*L'Agronome*, 1855, page 182.)

Par tête de gros bétail on entend un bœuf, une vache, ou un cheval.

On compte :

3 élèves de l'année, race bovine,
10 moutons,
4 chèvres,
3 porcs,
2 ânes,

}pour une tête;

3 élèves de 2 ans, race bovine,
3 mulets,

}pour deux têtes.

Ces préliminaires posés, voyons maintenant où nous en sommes.

D'après le cadastre, les trois cantons de Champagne, Hauteville et St-Rambert possèdent en terres arables :

	hect.	ares.	cent.
— de 1re classe	1,075	00	11
— de 2me id.	2,167	21	47
— de 3me id.	3,870	55	29
— de 4me id.	5,440	50	27
— de 5me id.	2,303	55	18
En jardins	76	55	06
En chenevières	58	58	02
En vignes.	606	79	14
Total. . . .	15,578	54	54

D'après le recensement de la race bovine, fait en 1841 (renseignements pris à la sous-préfecture).

Nous possédons :

	Nombre par espèces de bétail.	Nombre réduit en valeur de têtes de gros bétail.
Bœufs.		3,260
Vaches.		10,486
Elèves de l'année et de deux ans.	1,694	845
Moutons.	12,585	1,258
Chèvres et Boucs. . .	985	246
Porcs.	943	314
Chevaux et Juments (1).		448
Elèves au-dessous de 18 mois, élevés et hivernés au pays.	26	13
Elèves achetés en juin et revendus en novembre, nourris généralement au pâturage.	116	23
Mulets.	154	102
Anes.	175	87
Total des têtes de gros bétail.		17,782

(1) Je dois les renseignements sur la race chevaline à MM. les percepteurs et à MM. les brigadiers de la gendarmerie.

	hect.	ares.
Nous avons à fertiliser, en terres, jardins, chenevières et vignes . . .	15,578	54
A deux têtes de bétail par hectare, il nous faudrait, têtes de bétail.	51,157	
Nous n'en possédons que . .	17,782	
Notre agriculture se trouve donc en déficit de têtes de gros bétail (1) . .	15,575	

Le déficit établi, comment le comblerons-nous ?

Il faudra, pour y parvenir, augmenter les fourrages pour entretenir plus de bétail, et par conséquent accroître la masse des engrais.

Là gît toute la difficulté.

IMPORTANCE DES ENGRAIS.

Les engrais sont une partie essentielle de la richesse des nations ; ils sont le principe et le complément de toute amélioration agricole : ils sont aussi le bien le plus précieux du laboureur.

Cela posé, utilisons mieux ceux que nous possédons ; conservons-les, augmentons-les par une judicieuse addition de terre ou de marne, et surtout en faisant meilleure litière. Utilisons aussi les urines ; elles sont comptées pour moitié de la production

---

(1) Chacun peut refaire pour sa commune et pour son exploitation particulière le calcul établi ici pour une partie de notre Comice. Il suffira pour cela de comparer la matrice cadastrale de chaque commune avec l'état du recensement du bétail fait en 1841, et de rectifier ces documents essentiellement variables par l'inspection des écuries.

des engrais dans les pays où l'on est habitué à les employer.

Ne laissons rien perdre de ce qui peut profiter à la terre ; le produit des fosses d'aisance est encore une ressource précieuse , ainsi que la fabrication des composts.

La marne, la chaux, les cendres vives ou lessivées sont des amendements très utiles à certains terrains, ainsi que les tourteaux d'huile.

L'enfouissement des récoltes vertes, encore inconnu à nos pays, est pourtant une ressource très utile pour féconder les terres.

Nous ne faisons qu'indiquer ces divers modes de multiplier les engrais. Ce serait un traité complet qu'il faudrait mettre sous les yeux du lecteur; il est plus simple d'indiquer, pour y avoir recours, l'excellent ouvrage de *Maurice* sur les engrais , 1 volume in-12 , et le petit Traité rédigé par M. *de Candolle*, sur les engrais liquides, brochure in-8°.

MOYEN DE SUPPLÉER AU DÉFICIT D'ENGRAIS.

Pour combler le déficit qui nous occupe, quels moyens avons-nous encore à notre disposition ? Et d'abord toute terre, à quelque classe qu'elle appartienne, qui peut être arrosée, doit être convertie en pré; comme tout pré rapportant moins de 20 quint. mét. à l'hectare, qui n'est pas marécageux ou situé sur la crête des montagnes , doit être rompu et cultivé au moins pendant quelques années (1).

CULTURE DES COMMUNAUX.

Beaucoup de villages possèdent des communaux qui ne fournissent qu'un maigre pâturage , et qui pourtant seraient susceptibles de donner de bons produits.

Que tout terrain pouvant se cultiver soit partagé en autant de lots égaux qu'il y a d'ayant-droit dans la commune.

Que chacun de ces lots soit donné à chacun des ayant-droit, à la condition de défricher immédiatement, d'écobuer, et de semer : première année. pommes de terre ; deuxième année , orge et esparcette plâtrée à la deuxième et à la cinquième année.

Qu'à l'expiration du premier bail de neuf années chacun ait la faculté de le proroger pour neuf autres années , en consentant une augmentation d'un quart sur le premier prix ; et cette fois la commune pourra imposer un autre assolement, car le terrain sera déjà fort amélioré.

Quelle masse de fourrages serait ainsi acquise à notre agriculture ! La commune y trouvera son compte ; chacun jouira d'une manière bien plus réelle du bien commun. La masse des produits se

(1) Pour rompre les prés et convertir les terres en prés, voir le chapitre *ad hoc*, Calendrier du bon Cultivateur , par M. *de Dombasle* , un vol. in-12.

trouvera ainsi doublement accrue, et par les fourrages consommés par le bétail et par la reproduction
du blé, auxquels seront consacrés ces nouveaux
engrais.

C'est ainsi que, s'il est vrai que le mal reproduit le
mal avec une rapidité incroyable, il n'est pas
moins vrai que le bien se reproduit avec une même
activité.

Mais, par une aberration inouïe, les communes
proscrivent généralement la culture des prairies artificielles sur leurs communaux, la seule culture pourtant qui pourrait les améliorer; car, pour des engrais, il n'est pas d'exemple qu'on leur en ait jamais
consacré.

Enfin, 2,503 hectares de terres de cinquième
classe, presque toutes situées sur des coteaux arides
et éloignés, souvent cultivées à perte, devront être
semés immédiatement en *esparcette* ainsi qu'une
bonne partie des terres de quatrième classe, au
moins 3,000 hectares, en tout 5,503 hectares.

Mais, direz-vous, il nous faut du blé, et nous ne
voulons pas en acheter.—Vous avez raison; mais ce
n'est pas ce qu'on sème qui enrichit : c'est ce qu'on
fume, c'est ce qu'on *récolte*. Fumez donc au double
la moitié de vos terres, et vous récolterez sur cette
moitié autant de grains, si ce n'est plus, et à moins
de frais, que sur la totalité.

En attendant que vous puissiez changer votre
assolement triennal, ne manquez pas de mettre, tous
les six ans, du trèfle bien plâtré sur vos meilleures

terres ; il ne peut revenir tous les trois ans à la même place sans les épuiser.

La 2e année après le trèfle, mettez de l'avoine : l'orge vient mal à cette place.

La pomme de terre, la betterave, les vesces, un fourrage vert ou racine quelconque doit remplir vos terres et alterner de trois en trois ans avec le trèfle. Voilà pour le premier moment, et pour vous donner le temps d'étudier et d'expérimenter en petit l'assolement qu'il vous convient d'adopter pour satisfaire aux exigences de votre position particulière.

Nous remédierons aussi au déficit de fourrage qui grève notre agriculture, en cherchant un mode de culture qui produise plus de fourrage artificiel et de fourrage-racine pour augmenter notre bétail et par conséquent nos engrais.

Nous y remédierons en adoptant une succession de récoltes appropriée à chaque terrain, de manière que chacune d'elles soit une bonne préparation pour celle qui lui succède.

Les principes qui doivent déterminer ce choix de récoltes est ce qu'on appelle *l'art des assolements ;* tous les succès auxquels nous pouvons prétendre dépendent de leur choix judicieux : ils doivent varier suivant les besoins locaux, les débouchés, la nature du terrain, les ressources qu'on peut avoir pour se procurer des engrais par le secours des prairies naturelles ou autrement.

En conséquence, nous nous bornerons à réunir ici les principes généraux et le plus de documents possibles pour faciliter la recherche de l'assolement qui, pour chaque position donnée, est relativement le meilleur. Restera à chacun à en faire l'application suivant sa position.

Nous donnerons enfin quelques exemples des assolements les plus généralement adoptés.

PRINCIPES QUI DOIVENT DIRIGER DANS LE CHOIX DES ASSOLEMENTS (1).

> Les véritables greniers d'abondance
> sont les bons assolements.
> *Charles Pictet.*

> Engrais abondants , bons labours et
> choix judicieux de récoltes, c'est
> là toute la science agricole.
> *Nivière.*

Dans le choix d'un assolement , on doit chercher à faire rendre à la terre la plus forte rente possible , en augmentant constamment sa fertilité , et en la maintenant dans le meilleur état de propreté (2).

(1) Voir le *Calendrier du bon Cultivateur.*

(2) C'est dans le département de l'Isère , aux environs de Bourgoin surtout, que nous devons aller chercher des modèles de bonne culture. Là aussi nous trouverons des instruments de culture perfectionnés et construits plus économiquement que les nôtres. Le département de l'Isère est le pays où l'on semble avoir le mieux résolu le grand problème de l'agriculture : *produire beaucoup et à bon marché.*

Le pays de Gex nous donne aussi de bons modèles à suivre en tous genres.

La première condition de tout bon assolement est de se fournir tous les engrais nécessaires sans le secours des prairies naturelles, de manière que la fertilité du sol aille toujours croissante.

On ne doit comprendre dans un assolement que les plantes qui se plaisent sur le sol qui leur est destiné.

On doit varier les récoltes de manière que chacune d'elles soit une bonne préparation pour celle qui lui succède.

On doit aussi alterner les récoltes améliorantes et les récoltes épuisantes.

On ne doit pas perdre de vue non plus ce que chacune d'elles doit rendre à la terre en engrais : car sans engrais point d'agriculture, et sans *beaucoup* d'engrais point de *bonne* agriculture.

Bien fumer la terre, bien nourrir le bétail, c'est le seul moyen d'avoir du bénéfice; car la terre ne rend qu'autant qu'on lui prête : l'engrais est tout.

Doubler ses engrais, c'est doubler ses produits.

Un proverbe dit : *misère à l'étable, misère partout.*

Le moyen le plus efficace de se procurer des engrais abondants est de nourrir son bétail, tout ou partie de l'été, à l'étable, au moyen de fourrage vert.

Le trèfle ordinaire, le farouche, le maïs, etc., sont ceux qui présentent le plus d'avantage pour cet usage.

On doit conduire l'assolement de manière à entretenir le sol dans un état de propreté parfait, par une combinaison judicieuse de récolte sarclée.

Un assolement qui produit alternativement des récoltes pour les bestiaux, et des céréales pour la nourriture de l'homme, est dans une bonne condition: mais elle n'est pas indispensablement nécessaire.

Tout assolement doit être combiné de manière que les travaux soient répartis aussi également que possible sur toute l'année.

Les ressources locales pour l'emploi ou l'écoulement des denrées doivent aussi être prises en considération.

Il est de principe de ne jamais mettre deux récoltes de céréales de suite : rien n'épuise plus la terre et ne favorise plus la multiplication des mauvaises herbes.

Il n'y a, dit-on, que le grain pour faire de l'argent; mais pour avoir du grain, il faut de l'engrais ; pour avoir de l'engrais, il faut du bétail ; pour avoir du bétail, il faut des fourrages. Donc, *si tu veux du grain, sème de l'herbe.*

En mettant un tiers de son terrain en herbe, et cultivant bien le reste, on récolte plus et à moins de frais.

Celui qui met un tiers de son terrain en herbe, cultive bien; celui qui en met moitié, cultive mieux encore.

Si tu manques de fourrage, disent les Allemands, achète du bois, pour exprimer qu'en faisant cuire les aliments, ils profitent beaucoup mieux au bétail.

Ce qui enrichit n'est pas ce que l'on sème, mais ce qu'on fume ; car ce qui fait profit est ce que l'on récolte, et non ce que l'on a semé.

On doit semer en proportion de l'engrais que l'on a, et non en proportion des terres que l'on possède.

On doit tout faire pour s'assurer les plus belles récoltes de trèfle, car de son succès dépend la riche récolte de blé qui lui succède. *Tant vaut le trèfle, tant vaut le blé.*

On assure le succès du trèfle en le semant au printemps avec l'orge sur une terre qui, l'année précédente, a porté des pommes de terre bien fumées et bien cultivées.

Il ne faut jamais se dispenser de le plâtrer : car le plâtre profite plus encore au blé qui suit le trèfle, qu'au trèfle lui-même.

Toute récolte sarclée et fumée nettoie le sol et l'enrichit. Une terre qui a produit du grain se repose en produisant de l'herbe ou des racines.

Toute récolte de plante étouffante (vesce, gesse, etc.) coupée en vert est améliorante, en étouffant par son ombre toute plante parasite, et en laissant le sol dans le même état de fertilité où elle l'a trouvé.

Le trèfle surtout, par les débris de ses feuilles et de ses racines, est une plante éminemment améliorante, surtout si l'on enterre la troisième herbe : elle équivaut alors à une demi-fumure.

La luzerne et l'esparcette sont aussi des plantes très améliorantes.

Toute récolte de grain arrivée à maturité fatigue

la terre à proportion de son poids : cependant une récolte de céréales complétement manquée, nuit beaucoup au sol, en le salissant par l'invasion des mauvaises herbes.

Règle générale : c'est la maturité des plantes qui fatigue la terre; cette maxime est vraie même pour le trèfle, quand on le laisse venir à graine.

Toute récolte coupée en vert n'a rien ôté à la terre de sa fertilité : il n'y a pas même d'exception à cette règle pour les céréales. (Les pépinières de colza sont peut-être la seule exception qu'on puisse citer.)

On amende les terres privées de calcaire en leur donnant de la marne ou de la chaux. (Voir *Calendrier.*)

Un proverbe dit : La chaux et la marne mal employées enrichissent le vieillard et ruinent les enfants.

Le proverbe dit encore : La chaux et la marne bien employées enrichissent le père de famille, et encore plus ses enfants.

Il est bien reconnu que les terres produisent en raison de leur qualité, des cultures et des engrais qu'on leur donne, et non en proportion de leur étendue.

On calcule en général que la terre a besoin d'une forte fumure tous les quatre ans.

Par forte fumure on entend cinq quintaux métriques par are de bon fumier, ou une très petite voiture.

On regarde en général qu'une tête de gros bétail nourrie toute l'année à l'étable, et consommant par jour 12 à 15 kilogrammes de bon foin ou son équivalent, doit produire cette quantité de fumier.

Les terres fortes veulent être fumées plus abondamment et plus rarement, les terres légères plus souvent et moins à la fois.

Sept coups de charrue équivalent à une bonne fumure. (Les labours trop fréquents nuisent aux terres en côte, en descendant la terre au bas des vallées.)

Un fort coup de herse équivaut à un demi-labour.

Une récolte verte enfouie équivaut à une demi-fumure.

Principe de fertilité : humidité et chaleur. — Principe de stérilité : sécheresse et froidure.

C'est une erreur de croire que le tas de fumier sera en proportion de la quantité de têtes de bétail qui garnit les étables: il est dans la proportion du tas de paille, foin et autres denrées qu'on leur fait consommer, et suivant la valeur nutritive de ces divers aliments (1).

La même quantité de denrées consommée par un seul bœuf à l'engrais ou par plusieurs vaches misérablement tenues, donnera la même quantité de fumier; seulement, celui qui sera fourni par un seul animal sera d'une qualité bien supérieure.

50 kilogrammes de foin, ou son équivalent, consommés par quelque espèce de bétail que ce soit, donneront toujours 100 kilogrammes fumier, plus la paille mise en litière, qui, par l'absorption des urines, donne trois ou quatre fois son poids en fumier. La

(1) Voir page 96, Tableau de la valeur nutritive des diverses substances alimentaires.

chèvre et le mouton donnent moins de fumier, mais l'équilibre de production est rétabli par sa qualité très supérieure.

Le bétail nourri en vert à l'étable donne proportionnellement plus d'engrais, surtout en urine.

C'est encore une grave et funeste erreur de faire succéder l'orge au blé d'hiver, dans l'intention de profiter de l'arrière-engrais que la première céréale n'a pas absorbé.

Deux récoltes de grains consécutives fatiguent et épuisent la terre, et de plus la salissent, en favorisant la multiplication des mauvaises herbes.

Il ne faut point épuiser totalement la richesse du sol avant de la réparer.

D'ailleurs, l'arrière-engrais qui reste dans le sol n'est point perdu, parce qu'on ne l'épuise pas immédiatement.

A une récolte de blé d'hiver faites succéder une récolte de fourrage artificiel quelconque ou une récolte sarclée, et la récolte de grains qui suivra sera augmentée et de l'arrière-engrais que possédait le fonds et de l'amélioration qu'il aura encore acquise par cette récolte améliorante.

De cette manière on aura obtenu plus de la terre, et sa fertilité se trouvera encore augmentée.

Comme chacun le sait, il y a des plantes qui se craignent plus ou moins, d'autres qui ne se craignent pas.

Il y en a qui aiment les terrains neufs et nouvellement défoncés, d'autres préfèrent un terrain amendé de longue main et bien pourvu d'arrière-engrais.

Il y a aussi des plantes qui ont une prédilection ou une répulsion à succéder les unes aux autres.

Pour faciliter la recherche des nouveaux assolements, je vais donner le tableau de celles qui sont le plus généralement cultivées dans nos cantons, suivant leurs diverses catégories.

Plantes qui se craignent :

Le blé surtout ,
L'orge ,
Les pois ,
Les haricots ,
Les lentilles ,
Le colza ,
Le trèfle ,
La luzerne ,
L'esparcette.

Plantes qui ne se craignent pas :

Le seigle ,
L'avoine ,
Le chanvre ,
La pomme de terre .
Le blé noir.

Plantes qui aiment un terrain neuf :

Le seigle ,
L'avoine ,
Le blé noir ,
La pomme de terre .
Le colza et tous les choux.

3

Plantes qui aiment un terrain bien pourvu d'arrière-engrais, plutôt qu'un fumier frais :

> Orge,
> Rave,
> Chanvre,
> Lin.

Le blé aime à succéder au

> Colza,
> Trèfle,
> Féverole,
> Maïs ;

mais il craint de succéder à la pomme de terre dans les terrains légers.

L'avoine est la seule céréale qui puisse, sans grand inconvénient, succéder à une autre céréale.

L'avoine d'hiver réussit bien partout où le raisin mûrit ; celle de printemps vient sur les terrains les plus élevés et les plus froids.

L'orge vient bien après toute culture sarclée, surtout après la pomme de terre.

Toute prairie artificielle veut être semée dans un orge de printemps qui succède à une récolte sarclée et fumée, à la pomme de terre surtout.

Cette catégorie comprend :

Luzerne,	Ces plantes veulent être plâtrées, et
Esparcette,	aiment les terrains calcaires ; elles amélio-
Trèfle,	rent beaucoup le sol.
Foinasse,	
Ray-gras, etc.	

La luzerne et l'esparcette ne peuvent revenir sur le même terrain qu'après un intervalle égal au temps qu'elles ont occupé le sol.

Le trèfle ne peut revenir sur le même terrain que tous les six ans.

En l'associant avec un tiers de ray-gras, il peut revenir tous les quatre ans.

Le trèfle incarnat ou farouche est le seul qui préfère un terrain un peu ferme et peu calcaire : il se sème sur le chaume du blé, ou sur un léger labour. Le millet et la rave sont les seules plantes avec lesquelles on puisse l'associer quelquefois. *Il ne craint point le trèfle ordinaire.* S'il réussissait dans nos pays, il pourrait s'alterner dans les assolements avec lui.

L'engrais qui convient le mieux au froment n'est pas le fumier d'étable, c'est un trèfle bien réussi qui a été plâtré, quand on a enterré la troisième herbe ayant cinq à six pouces d'élévation. Car, je le répète, le plâtre profite plus au blé qui succède au trèfle qu'au trèfle lui-même. C'est donc bien à tort qu'on se dispenserait de plâtrer quand le trèfle se présente beau au printemps, ou parce qu'on l'aurait fumé en couverture à l'automne.

Le plâtre fait produire un tiers de plus en racine au trèfle, et par conséquent augmente d'autant sa valeur améliorante.

ASSOLEMENT DE QUATRE ANS.

Cet assolement est celui qui paraît destiné à remplacer partout l'assolement triennal.

Il remplit parfaitement toutes les conditions d'un bon assolement, et peut s'appliquer à presque toutes les localités.

Il en existe déjà quelques exemples dans la vallée d'*Hauteville*, qui sont très satisfaisants.

Première année. — Pomme de terre très fumée, ou toute autre récolte sarclée et fumée.

Deuxième année. — Orge, ou toute autre céréale de printemps, avec trèfle.

Troisième année. — Trèfle plâtré, fauché deux fois, jamais pâturé.

La troisième repoussée de l'herbe, enfouie pour fumure de froment (1).

Quatrième année. — Froment suivi, si l'on veut, d'une semaille de blé noir récolté en grain, ou enfoui pour engrais.

Passons maintenant en revue la culture qu'exige chacune de ces récoltes, et étudions ses résultats.

Dans cet assolement la terre n'est fumée que tous les quatre ans, et moitié de son étendue seulement porte du grain ; mais on en récoltera davantage que par la méthode actuelle, et, de plus, les travaux se trouvent assez bien répartis entre les différentes saisons.

Première année. — Pommes de terre. — Il faut que la terre ait reçu un labour profond en automne, et,

(1) Dans les pays où cet assolement est adopté, on associe les ray-gras au trèfle, pour un tiers environ. Cette graminée paraît neutraliser ou absorber les déjections du trèfle, et lui permettre de revenir tous les quatre ans sur le même sol.

si le terrain l'exige, on devra labourer encore au printemps. Il faut semer de trois raies l'une : avec cette précaution, la première façon se donnera avec une herse en fer bien chargée; la deuxième, avec une charrue légère à un cheval qui passe entre les raies; la troisième, avec une charrue à butter également conduite par un cheval. Ces deux charrues seront payées bien au-delà dès la première année, par l'économie de main-d'œuvre qu'elles procureront; car elles permettent d'en cultiver 100 à 120 ares par jour. Les pommes de terre arrachées, il faut donner un coup de charrue pour approprier le terrain et le bien préparer pour la semaille de printemps.

Deuxième année. — On sème l'orge sur un seul labour, et le trèfle en même temps.

Troisième année. — Trèfle. — On ne doit jamais se dispenser de le plâtrer au printemps, lors même qu'il aurait été fumé en couverture à l'automne. On ne doit pas non plus faire pâturer la troisième repoussée du trèfle; c'est l'engrais le plus précieux pour le blé qui doit lui succéder, et qu'on sèmera à l'automne sur un seul labour.

Quatrième année. — Récolte du blé. — Ensuite on donne un labour profond, pour préparer la terre à recommencer l'assolement par les pommes de terre.

Quelques personnes sèment immédiatement du blé noir, qu'on récolte ou qu'on enfouit pour engrais à la fin de l'automne; d'autres allongent l'assolement en cultivant, la cinquième année, de l'avoine d'été ou d'hiver. On a alors cinq récoltes sur une seule fumure. L'avoine est, comme je l'ai dit, la seule céréale qui puisse succéder à une autre céréale sans grand inconvénient.

Cet assolement reçoit encore d'autres variations. Immédiatement après la moisson du blé, on peut donner un léger coup de charrue et semer du trèfle incarnat; il donne au printemps suivant une très forte coupe, équivalente, à elle seule, aux deux coupes de trèfle ordinaire et de quinze jours plus précoce. Le trèfle incarnat demande aussi à être plâtré au printemps.

On a alors tout le temps nécessaire pour préparer le terrain par de bons labours, pour semer du blé en automne avec demi-fumure. On crée ainsi un assolement de six ans, avec une fumure entière, une demi-fumure et deux plâtres.

On pourrait encore se procurer une récolte verte à enfouir après le trèfle incarnat.

L'assolement, ainsi porté à six ans, aurait encore l'immense avantage de se prêter, la cinquième année, à la production de fourrages d'automne ou de printemps, quand les pluies viennent contrarier les travaux du laboureur.

Nous remarquerons que l'assolement de quatre ans commence par une récolte améliorante, et qui nettoie le terrain tout aussi bien que pourrait le aire une jachère improductive.

En commençant l'assolement par les pommes de

terre fumées , on ne craint pas non plus d'infecter les terres par les mauvaises graines que le fumier apporte dans les champs ; la culture donnée à ce tubercule les détruit complétement, et prépare très bien la terre soit pour l'orge qui doit succéder aux pommes de terre , soit pour le trèfle qui est la deuxième récolte améliorante de cet assolement.

PRODUCTION D'ENGRAIS DE L'ASSOLEMENT DE 4 ANS.

Examinons maintenant cet assolement sous le point de vue le plus important , celui de la production des engrais.

Première année.—Pommes de terre , par hectare : 250 hectolitres pesant 200 quintaux métriques qui , d'après leur valeur nutritive , équivalent à ,
quintaux métriques foin   100

Deuxième année. — Paille d'orge et trèfle mêlés : 20 quintaux métriques au moins, que j'estime , vu le mélange, équivaloir à quint.
mét. foin.   45

Troisième année. — Trèfle : donnant
en deux coupes.   78
                                            ———————
Valeur en foin : quint. mét. . . .   195

Les trois premières années auront donc produit . en pommes de terre , paille d'orge et trèfle. l'équivalent de 195 quintaux métriques foin.

Ces mêmes denrées converties en fumier en donneront la quantité de quint. métr. 386

Quatrième année. — Blé. — On
n'a pas perdu de vue que les substances consommées par le bétail
produisent de l'engrais en proportion de leur valeur nutritive.

Par conséquent, 40 quint. mét.
paille , comme valeur nutritive .
vaudraient moins de 20 quintaux
foin: mais, mise en litière, elle produit en fumier de 3 à 4 fois son
poids. Donc , comme production
d'engrais, nous la compterons pour 125

TOTAL, engrais : quint. mét. 511

Au bout de ces quatre ans , le fonds ainsi cultivé
aura donc produit 511 quintaux métriques de fumier (1) , c'est-à-dire plus que le nécessaire pour le
très bon entretien de la terre : par conséquent sa
fertilité ira toujours croissante, et la rente sera aussi
très satisfaisante. Voilà donc un assolement très bon
partout où on pourra l'adopter ; aussi est-ce celui
qui envahit l'Europe en ce moment, et, plus on le
connaît, plus il se propage.

Chacun peut refaire ces calculs sur les assolements de 5 et de 6 ans. ou sur tout autre qu'on vou-
drait étudier.

---

(1) Cet assolement produirait plus d'engrais encore, si l'on
faisait consommer le trèfle en vert à l'étable ; il produirait
aussi plus de lait.

L'assolement triennal amélioré consiste à utiliser la terre à la troisième année en lui faisant produire des trèfles, des pommes de terre ou autres récoltes sarclées; mais cet assolement a toujours le défaut capital de deux récoltes céréales successives, qui épuisent et salissent le sol.

ASSOLEMENT A LONG TERME, AVEC PRAIRIES ARTIFICIELLES.

Quelques agriculteurs ont toujours une forte partie de leurs terres en prairies artificielles, et suivent cet assolement :

Première année. — Blé sur un seul labour défriché de prairies artificielles.

2e *année.* — Pommes de terre fumées.

3e *année.* — Orge et trèfle.

4e *année.* — Trèfle plâtré.

5e *année.* — Blé sur un seul labour. Quelques personnes mettent à tort une seconde année de céréales pour utiliser la grande fertilité de la terre, provenant de la prairie artificielle.

6e *année.* — Pommes de terres *très fumées.*

7e *année.* — Orge avec esparcette, luzerne ou autres graines fourragères.

8e, 9e, 10e, 11e *et* 12e *année.* — Luzerne, esparcette ou autre, plâtrées à la 8e et à la 11e année.

Cet assolement, comme on le voit, produit et bien au-delà tous les engrais qui lui sont nécessaires : il économise en outre beaucoup de main-d'œuvre.

Toutes les années on défriche un douzième du terrain pour y semer du blé , et l'on a soin de mettre une culture sarclée à la 2ᵉ et à la 6ᵉ année.

MANQUE DE CAPITAUX.

Mais , dira-t-on, en définitive tous vos assolements, tous vos moyens d'amélioration tendent à augmenter la masse des fourrages , et pour les consommer il nous faudra plus de bétail ; nous n'avons pas d'argent pour en acheter , et nous ne trouvons pas à emprunter.

D'abord : chacun peut, en élevant, se procurer tout le bétail qui lui est nécessaire, et presque sans frais.

On peut encore vendre quelques fonds , les moins à sa convenance : cela vaut mieux que d'emprunter, surtout si c'est à un taux élevé.

Cependant des capitaux judicieusement employés à des améliorations agricoles, ou à l'acquisition de bestiaux, sont ordinairement une très bonne spéculation. Une banque agricole bien constituée serait une institution aussi utile aux prêteurs qu'aux emprunteurs ; car Lyon regorge d'argent , tandis qu'il est très rare dans notre pays.

Si notre agriculture manque de capitaux , pourquoi cela ?

C'est qu'il arrive souvent qu'un cultivateur intelligent et faisant bien ses affaires s'imagine arriver plus vite à la fortune en joignant l'industrie mercantile à l'agriculture. Dans ce but, il emprunte ; mais les débuts en industrie sont sujets à de fréquents mécomptes. De là inexactitude dans le service des intérêts, et difficulté plus grande encore de rembourser le capital; de là aussi l'éloignement des notaires de grandes villes pour tout placement de fonds chez le cultivateur.

Cependant on pourrait lui prêter sûrement, même lorsqu'il est peu aisé, quand les renseignements pris sur sa moralité sont satisfaisants.

Par le plus ou le moins de ponctualité d'un emprunteur à payer ses contributions et à faire face à tous ses engagements, on peut bien présumer de son exactitude en toutes choses.

Si, informations prises, on sait qu'il n'est pas homme de cabaret, qu'il ne fréquente les foires et les marchés que pour le besoin de ses affaires, et qu'il n'est pas un habitué de la Justice de paix (1), un capitaliste ne se compromettra pas en lui prêtant. D'ailleurs, un homme se présentant avec ces antécédents trouvera facilement une caution dans ses parents ou ses amis.

(1) Je ne puis, en parlant ici de la Justice de paix, me dispenser de dire comment les choses se passent en Bretagne.

Dans ce pays, les cours, les tribunaux, même les justices de paix, sont pour ainsi dire inoccupés.

S'il survient une contestation entre deux parties, ce qui est rare, on se transporte chez le notaire le plus voisin. Là, chacun explique la cause du différent ; le notaire rédige immédiatement l'accord qui doit le régler, et celui qui refuserait de le signer serait regardé comme un homme de mauvaise foi, et tout le monde éviterait d'avoir affaire à lui. Aussi dans cette province les notaires, arbitres-nés et bénévoles de toutes difficultés, sont récompensés de leurs peines par le haut rang qu'ils occupent dans l'estime publique.

TRANSPORT DE TERRES.

Le transport des terres est une amélioration très profitable, et pourtant très négligée.

Il est peu de champs sur les coteaux, et souvent même en plaine , qui ne portent avec eux leur amélioration.

Presque toujours dans le bas des terres en côte, ou à leur extrémité , et souvent même en quelque autre endroit dans la plaine , on trouve des accumulations surabondantes de terres végétales , tandis qu'il en manque dans d'autres parties du même champ (1). Cet excédant de terre , transporté aux endroits où il en manque, est une amélioration durable et peu coûteuse quand elle est faite en temps mort.

ENTERRER LES MURGÉS.

Tout murgé doit disparaître et être enterré. Des fossés de 140 centimètres de profondeur sur 150 de large , et d'une longueur proportionnée à la masse à enterrer , est la dimension la plus économique ; il faut toujours que les pierres soient recouvertes par 35 centimètres de terre.

(1) Des sondages à 40 ou 50 centimètres feront facilement reconnaître ces dépôts.

PURGER LES TERRES DE PIERRES ET DE ROCHERS.

Une condition essentielle de toute bonne culture
est que la charrue puisse fonctionner librement, et
retourner la terre à 25 ou 30 centimètres de profondeur ; par conséquent il faut la purger parfaitement de pierres et de rochers, afin de pouvoir se
servir de la charrue dauphinoise dans tous les terrains plats, et de la charrue du pays de Gex dans
les terres en côte (1).

Voici comment j'ai vu faire cette opération :

Une charrue fortement attelée ouvre le sillon :
deux, trois ou quatre hommes la suivent. Dès qu'elle
accroche, l'un d'eux arrache la pierre et répare la
faute qu'a faite la charrue. Si des pierres trop grosses
se présentent, deux ou trois hommes se réunissent
avec des barres pour les enlever. Si elles se trouvent
trop nombreuses ou trop fortes pour être arrachées
sans arrêter l'attelage, on se contente de les
bien dégarnir pour y revenir plus tard. Celui qui
tient la charrue doit aussi avoir à la main quelques
petites branches de bois pour marquer les places où
la charrue trouve quelque obstacle, quand il n'y a
pas un homme tout prêt à y remédier. Si un premier
labour laisse échapper quelques pierres, un deuxième
complétera infailliblement l'opération.

Je ne parlerai point ici du temps le plus opportun
pour les labours, ni de l'épaisseur de la tranche, ni

(1) L'une et l'autre de ces charrues coupent la terre vertica-
lement et horizontalement, et la retournent parfaitement.

de la profondeur variable à laquelle on doit faire pé-
nétrer la charrue suivant les divers genres de culture qu'on veut donner. Sous ce rapport, l'expérience
des hommes pratiques est rarement mise en défaut.

INDUSTRIE HIVERNALE (1).

L'hiver, ce temps où tous les travaux sont forcément suspendus, dure quatre ou cinq mois dans la
deuxième zône de notre Comice, et près de six dans
la troisième.

Sur ce temps, les premières semaines seulement
sont employées au battage des grains.

L'usage d'émigrer pour peigner le chanvre a déjà
beaucoup diminué, et tend à disparaître tout-à-fait.

Que de temps donné à l'oisiveté, et quelle perte
pour la famille !

Le temps est le capital du cultivateur ; le perdre,
est pour lui l'équivalent de dissiper pour le rentier.

Le temps qui reste improductif dans la famille est
un vol qu'elle se fait à elle-même et un vol qu'elle
fait à l'Etat, qui doit compter sur le concours de
tous ses membres pour produire sans cesse les
richesses nationales.

Dans les hautes montagnes du Jura, dans des
climats bien plus sévères que le nôtre, le voyageur
remarque avec étonnement que l'aisance va toujours
croissant, à mesure que le climat devient plus
âpre.

(1) Voir *Maison rustique du 19e siècle*, 3e volume, page
146.

C'est que, dans chaque ménage, il y a un atelier quelconque d'industrie hivernale. Le buis, le bois, la corne, les pierres fausses, etc., sont les matières premières sur lesquelles s'exerce cette industrie, qui devient la source de leur aisance. Ils s'occupent aussi de grosse horlogerie.

Les forces du Comice sont insuffisantes pour tenter cette innovation qui nécessite une exploration intelligente dans un département voisin, des primes importantes et une direction suivie pendant plusieurs années avec persévérance. Mais nous appellerons à notre aide la Société agricole du département, la bienveillance de l'Autorité et l'appui du Conseil général : il y a là trop de bien à faire pour ne pas y mettre la main.

La fabrication des dentelles communes pourrait aussi occuper fort utilement les loisirs des femmes de nos montagnes.

Si les propriétaires des 258 hectares de vignes du canton de Champagne prenaient l'habitude de garnir leurs vignes d'échalas et de les cultiver suivant la méthode bien plus lucrative du bas Bugey et du Dauphiné, la fabrication de ces échalas pourrait déjà occuper quelques personnes dans la haute montagne et devenir un commerce important, si ce mode de culture se propageait de proche en proche aux vignobles voisins.

ÉTALONS

Le département fait, en achat d'étalons, des dépenses utiles : peut-être obtiendrait-on de meilleurs résultats encore, en traitant directement avec le Gouvernement pour en obtenir.

Probablement, l'élève des mulets serait plus profitable dans nos montagnes que celui des chevaux. Les mulets, plus recherchés, et mieux payés, sont en général enlevés par les marchands qui courent le pays pour les accaparer, tandis qu'on est obligé de mener aux foires les élèves-chevaux.

Les juments remplies par le baudet, étant moins lourdes, peuvent travailler mieux et plus longtemps; les mulets sont aussi plus robustes, et par conséquent moins sujets aux accidents.

Quelques étalons-ânes seraient donc bien placés et sûrement bien employés dans nos montagnes.

Le département nous rendrait encore un service important s'il nous procurait des taureaux de la race *Schwyz*, réputée aujourd'hui la meilleure pour ses qualités lactifères.

FRUITIÈRES.

Partout où il y a des fruitières, les maîtres d'école devraient être assujettis à enseigner la comptabilité de ces établissements, qui, toute simple qu'elle est. nécessite pourtant des états et des tableaux assez compliqués.

Chaque fruitière devrait être munie d'un registre permanent où le président inscrirait annuellement les notes utiles à conserver, et surtout ses observations sur le fruitier et sa fabrication ; l'autorité pour-

rait alors astreindre chaque fruitier à être porteur
d'un livret qui serait le double de ces notes.

On néglige chez nous d'utiliser le lait de brebis, il
est pourtant compté pour 2 francs par tête dans les
grands troupeaux du Midi.

On l'emploie à faire du fromage, du beurre, enfin
à tous les usages domestiques.

A Roquefort (Aveyron), ce lait est converti en
fromages dont la réputation est européenne.

Au Mont-Cenis (2,000 mètres environ d'élévation),
on fabrique des fromages de lait de chèvre, de brebis
et de vache, mêlés ensemble, qui sont très estimés.

Aux environs de Lyon on trait les brebis pendant
quatre ou cinq mois; elles donnent environ un litre
de lait par jour : on en fabrique de petits fromages
qui se vendent frais à la ville, sous le nom de
recuites ; ils sont très recherchés.

On ne trait point les brebis à toison fine ; on a
remarqué que la beauté de la laine en était altérée.

BATIMENTS.

Dans les constructions neuves on a souvent trop
de propension à se bâtir dans le milieu d'un village,
sur un terrain étroit et privé de toutes les aisances
qui font l'agrément des maisons rustiques.

Il convient, en pareil cas, de vendre à bon prix le
terrain qu'on possède dans l'intérieur des villages,
aux voisins qui le convoitent toujours, et d'acquérir
un emplacement convenable à l'une des extrémités,
où pour le même prix on a chenevière, jardin, etc.

Le mieux encore serait, sans contredit, de bâtir au milieu de ses fonds, sur un emplacement bien choisi. Ce serait doubler la valeur de ses terres ; car, comme on le dit, *toute terre qui entend chanter le coq tous les matins vaut le double des autres.*

Mais qui est-ce qui a ses fonds assez réunis pour savoir où poser son habitation? Ici se fait sentir la fâcheuse influence du morcellement de la propriété dans la même main.

Bien souvent on répare à plusieurs reprises des bâtiments vieux et mal distribués, tandis qu'il serait plus économique de raser pour rebâtir, ou de construire à neuf ailleurs.

Une heureuse institution serait la création d'une commission dans chaque canton, appelée à donner gratuitement ses conseils à ceux qui, voulant entreprendre des constructions ou des réparations importantes, viendraient les réclamer.

PLANCHERS DES ÉTABLES. — PÉRIPNEUMONIE.

Il n'est point inutile d'appeler l'attention des autorités et des populations sur le mode de construction des planchers d'étables.

De temps immémorial on est dans l'usage, dans les pays de sapins, de pratiquer sous les étables des excavations qu'on remplit de pierres. Le plancher se construit ensuite par-dessus, en ayant soin de mal jointer les plateaux, afin que l'urine passe à travers et laisse le plancher et le bétail au sec. Les urines se perdent ensuite infructueusement en terre, ou croupissent indéfiniment sous les bestiaux.

Si, après enquête faite , il était bien reconnu que c'est là le foyer de la péripneumonie qui désole si fréquemment nos pays , il est incontestable que l'autorité devrait intervenir pour ordonner que les écuries fussent pavées avec pente suffisante pour l'écoulement des urines; libre ensuite à chacun de les utiliser au dehors (1).

En même temps , l'attention de l'autorité pourrait se porter sur une aération suffisante.

Pour ces diverses inspections , on sent que l'autorité municipale est insuffisante ; on comprend que l'élection aux fonctions de conseiller municipal rend le maire impropre à une surveillance qui , dans bien des cas , devra contrarier des intérêts privés.

Les artistes signalent encore , comme cause active de la péripneumonie , l'habitude d'accumuler dans les étables le fumier de plusieurs jours , quelquefois de plusieurs semaines.

Outre les émanations nuisibles et délétères du fumier , il s'opère , disent-ils , dans la masse une fermentation qui élève la température de l'étable au point que le bétail est toujours en transpiration. De là, transition brusque du chaud au froid chaque fois qu'il sort pour l'abreuvoir ; de là, disposition préparée tout l'hiver à cette maladie , qui se développe ordinairement avec toute son intensité au printemps.

(1) La péripneumonie était déjà signalée par *Olivier de Serre*, comme endémique dans le Jura au seizième siècle. Le mode de stabulation est le même dans le Jura que chez nous.

Généralement aussi les planchers supérieurs n'ont point assez d'élévation : un certain nombre de mètres cubes d'air par tête de bétail est nécessaire pour une bonne hygiène.

Si l'on voulait un jour attaquer franchement le fléau de la péripneumonie, à ces moyens d'hygiène il faudrait joindre l'établissement d'un lazaret communal dans chaque village, qui serait sous la surveillance directe des artistes cantonnaux et des maires.

TUILERIES. — TOITURES.

Créer des tuileries dans le haut Valromey, dans les vallées de Champdor, d'Hauteville et de Saint-Sulpice, serait une bonne spéculation.

La tuile, par son poids, ne peut guère s'employer qu'aux environs des tuileries, et dès que l'état des chemins et leurs pentes obligent à ne faire que des demi-changements, la plus petite distance équivaut à une prohibition d'usage.

C'est donc dans les vallées élevées et boisées qu'on doit les établir ; l'écoulement des produits en serait assuré et facile.

Alors disparaîtraient petit à petit les toits de chaume et ceux d'ancelles ou tavaillons, qui, vu le prix du bois, sont devenus aussi chers que ceux de tuiles, quoique très dangereux pour le feu et beaucoup moins durables.

La tuilerie de Marlieux fournit la vallée d'Artemar ; celle d'Izenave et celle de Saint-Rambert approvisionnent chacune leurs vallées. Tout le reste de nos cantons est forcément condamné aux toitures de chaume ou d'ancelles, jusqu'à l'établissement de nouvelles tuileries.

MEULES.

Souvent on fait, en agrandissant des bâtiments, des dépenses qu'on croit nécessaires et dont on pourrait se dispenser en imitant les habitants de l'Isère, du bas Bugey et de bien d'autres pays, qui ont l'habitude d'entasser leurs récoltes de grains et de foin en meules de différentes formes.

Toutes les denrées se conservent mieux en meules que dans les greniers : il suffit de les avoir vus faire pour réussir de suite à les bien établir.

MACHINES A BATTRE.

Les machines à battre sont déjà impatronisées dans quelques parties de l'arrondissement de Nantua. Il y en a une ou deux par village, appartenant en commun à quelques propriétaires qui, après leur ouvrage fait, les louent ensuite aux autres.

Elles sont du prix de 400 à 500 francs. Sept personnes sont nécessaires pour les bien servir, et elles expédient de 60 à 80 doubles-décalitres par jour.

Le dépiquage en plein air et avec des cylindres de pierre commence à s'introduire aux environs de Montluel : cette manière économique de battage pourra aussi se pratiquer chez nous avec avantage, dans la partie des vignobles surtout.

MARAIS D'ARANC, DE BRENOD ET DE CULOZ.

Le marais d'Aranc, assez important par son étendue, pourrait très facilement être desséché et mis en culture. Il suffirait peut-être de quelque encouragement de la part de l'administration.

Les marais qui entourent Brenod ont sans doute été la cause des épidémies qui ont ravagé ce village à diverses époques. Ils pourraient aussi être desséchés, en y employant une partie des rôles de prestation des chemins. La salubrité à donner à un chef-lieu de canton serait une œuvre assez importante pour fixer l'attention de l'autorité départementale, surtout si l'on pouvait obtenir ce résultat sans frais et en utilisant seulement les bras et la bonne volonté des habitants.

La partie orientale du marais de Culoz serait peut-être susceptible de quelques dessèchements partiels, à supposer qu'il dût être utile à l'agriculture.

TAUPIERS.

Les prés sont souvent ravagés par les taupes. Quelques propriétaires ont des abonnements avec des hommes qui passent deux fois par an pour les détruire.

Ceux qui ont de ces abonnements devraient exiger

que le taupier rapportât les bêtes qu'il prend , afin de pouvoir juger de son travail , et les faire couper en deux en leur présence avec une bêche : de cette manière on serait assuré que les mêmes taupes ne sont pas présentées à plusieurs propriétaires successivement , comme le produit de la chasse faite sur leur terrain , et l'on éviterait encore que , quand ils prennent des bêtes vivantes , elles soient lâchées dans les prés qui sont soignés par d'autres taupiers ou par les propriétaires eux-mêmes.

COMICES.

Les Comices sont certainement appelés à exercer une heureuse influence sur l'avenir de notre agriculture ; mais pour qu'ils puissent produire tout le bien qu'on a droit d'en attendre , ils doivent être créés à long terme , avec le renouvellement partiel des membres du Bureau.

Les statuts doivent constituer seulement et ne réglementer que le moins possible , afin de laisser au Bureau toute la latitude nécessaire pour la direction à donner aux travaux.

Tout Comice agricole doit avoir ses champs modèles , ses champs d'expériences et ses distributions de primes ; il doit user de tous les moyens possibles de publicité pour propager les cultures nouvelles et les méthodes dont l'utilité est incontestable.

Il doit aussi posséder une petite bibliothèque agricole, composée des meilleurs ouvrages propres à la localité, et destinés à circuler constamment de main en main.

ALMANACH DES COMICES.

Rien ne serait plus propre à propager les principes d'une bonne agriculture, qu'un almanach qui, sous le titre d'*Almanach des Comices*, traiterait chaque année une partie essentielle de la science agricole. Les almanachs se vendent chaque année par milliers; dans chaque ménage il y en a un, on le lit, on le relit et on le commente pendant les veillées d'hiver.

Le succès qu'obtient *Simon*, de Nantua, dans nos campagnes, indique quel genre d'écrit et quel style conviendraient le mieux pour initier nos populations à la science agricole.

Le Conseil général du département pourrait voter quelques fonds pour l'impression de cet almanach. La rédaction, confiée à l'un des membres de la Société d'agriculture, ne pourrait manquer de remplir le but qu'on se propose.

Les divers Comices du département et des départements voisins seraient invités à indiquer quels seraient les articles à copier ou à traiter, et à souscrire à un certain nombre d'exemplaires déterminé. Ces exemplaires, envoyés gratuitement aux curés, aux maires et aux membres des Comices, seraient bien reçus et auraient une circulation assurée. Les Conseils municipaux pourraient aussi être autorisés à porter à leur budget une somme, pour distribuer gratuitement des almanachs à tous les chefs de famille qui savent lire, et pour en fournir gratuitement aux écoles primaires. On pourrait tous les dix ans, par exemple, rédiger les almanachs en vue spéciale de ces écoles.

Dans le département de l'Ain, à Lyon, dans la France entière, toute association créée dans un but utile et moral trouve des collaborateurs zélés.

Toutes ces sociétés prospèrent par des dons volontaires, ou par des legs testamentaires.

Pourquoi donc personne n'a-t-il encore pensé que perfectionner l'agriculture était un moyen puissant, et le plus efficace de tous, de secourir le laboureur ?

Créer l'aisance dans un pays par l'agriculture, c'est plus que donner du pain aux pauvres, c'est empêcher qu'il y en ait. Donner l'aisance à un pays, c'est le moraliser, c'est l'instruire ; car l'instruction et la morale viennent infailliblement à la suite de l'aisance.

Les communes qui jouissent de quelques revenus ne pourraient mieux faire que d'en consacrer une petite portion à mettre leur agriculture en voie d'amélioration : ce serait de l'argent placé à bien gros intérêts, si surtout on savait donner à ces dépenses la direction la plus utile.

CHAIRE D'AGRICULTURE A LYON.

Il a été créé dernièrement à Lyon une chaire d'agriculture : c'est une innovation précieuse à tous égards, et qui doit faire sentir son influence dans un rayon assez étendu. Le professeur est un homme éminent par son savoir et son expérience, dont la parole a d'autant plus de poids qu'il a commencé son enseignement par l'exemple et la pratique.

Une *bibliothèque agricole*, bien pourvue de tous les livres utiles, serait le complément de cette institution.

Bien des personnes, à Lyon même, ignorent qu'à la bibliothèque des sciences, au palais Saint-Pierre, il y a quelques tablettes de livres consacrés à l'agriculture ; et qu'en outre, à la bibliothèque de la ville, il y a une collection de brochures et d'écrits périodiques plus ou moins complets, relative à la même science.

Généralement, les journaux d'agriculture ne mettent pas assez de soin à préciser le climat et le sol sur lequel ont lieu les cultures dont ils rendent compte. On devrait toujours indiquer si le climat s'oppose à la culture de la vigne, à quelle époque s'ouvrent les fenaisons, les moissons, etc.

Des conférences agricoles, tenues de temps à autre dans les chefs-lieux de canton, seraient une bonne institution pour les campagnes, et l'heureux équivalent des chaires d'agriculture.

STATISTIQUE DÉPARTEMENTALE.

Tout le monde sent le besoin d'une bonne *Statistique départementale*.

Dans le département de l'Oise, l'Annuaire contient

chaque année la statistique très détaillée de deux ou trois cantons.

A l'impression, on a soin qu'elle soit portée sur une feuille qui puisse se détacher complétement : en sorte qu'aujourd'hui, si le travail a été continué, ce département doit posséder, par la réunion de ces diverses feuilles, la statistique départementale la plus complète.

MUTATIONS DE PROPRIÉTÉS.

Une cause d'amélioration efficace est la mutation des propriétés. Car, à chaque transmission de propriété, les frais et faux-frais tendent toujours à en augmenter la valeur vénale ; alors chaque nouveau propriétaire réfléchit aux moyens d'amélioration qui pourront mettre la rente en rapport avec le prix élevé d'acquisition : en général on y parvient. Ensuite, autant par intérêt que par esprit d'imitation, et pour ne pas rester en arrière de ses voisins, les améliorations se propagent de proche en proche.

Le haut prix de la propriété produit encore cet avantage que chacun, au lieu d'acheter, pense à améliorer ce qu'il possède, au grand avantage des fortunes privées, et encore plus de la fortune publique, qui n'est en résumé que la somme des fortunes particulières.

Les améliorations coûtent d'ailleurs si peu au cultivateur qui fait tout par ses mains ! C'est ordinaire-

ment l'emploi de ses bras et de ses attelages en temps
mort.

CAUSES QUI NUISENT A L'AGRICULTURE : PARCOURS, VAINE PATURE.

Signaler les causes qui nuisent au progrès de
l'agriculture, c'est encore s'occuper de son amélioration.

Parmi ces causes nous devons compter, en premier
ordre, le droit de parcours et celui de vaine pâture :
une loi qui les supprimerait rendrait un service immense.

Cette loi serait tout autant à l'avantage des petits
que des grands propriétaires ; car les plus grandes
pièces de terre se closent successivement, et il n'y
aura bientôt plus que les propriétaires de champs
morcelés pour en supporter tout le poids.

MORCELLEMENT DE LA PROPRIÉTÉ.

> 75 ares en une seule pièce valent
> mieux que 100 en quatre.

Parmi les causes qui nuisent le plus essentiellement à l'agriculture, on peut encore mettre en première ligne l'excessif morcellement de la propriété.

Nous ne parlons point ici du morcellement sous le
point de vue politique ; quatorze millions de cotes
foncières payés par six millions de chefs de famille

à quatre individus par famille, représentant vingt-quatre millions de Français, sont certainement une garantie d'ordre et de stabilité.

Mais le morcellement de la propriété, ce morcellement qui la divise dans la même main, est éminemment funeste. Il augmente tous les frais de culture et les chances d'anticipation ; il aggrave et multiplie les servitudes, entretient le maraudage et fait naître les procès. Il met chaque propriétaire en guerre sur chaque champ avec ses quatre voisins, pour maintenir ses limites ; il interrompt les irrigations pour les prés, et force le propriétaire, si c'est une terre, à adopter la même culture que ses voisins, pour ne pas leur causer on en recevoir des dégâts ; en un mot, il est un obstacle à toute tentative d'amélioration.

En *Prusse*, quand la moitié des propriétaires d'un finage ou d'un village déclarent qu'il y a lieu à un nouveau partage, on procède à une expertise générale et exacte du fonds, et l'on rend à chacun en un seul ténement bien assorti l'équivalent de ce qu'il possédait par parties brisées. Il en est de même en *Angleterre*, seulement il faut le concours des deux tiers des propriétaires.

En *Suisse*, sans que la loi s'en mêle, le bon sens national a fait naître des habitudes qui laissent à la propriété l'étendue la plus convenable pour en tirer un bon parti.

Chez nous, au contraire, à chaque partage, au lieu d'équilibrer les lots en mettant des pièces entières dans chacun d'eux, ainsi que le veut la loi, chaque champ est partagé en autant de portions qu'il y a de co-partageants.

Une loi qui disposerait que toute propriété au-dessous d'une journée de travail est impartageable, serait un premier remède apporté à ce mal.

LE MORCELLEMENT NUIT A L'IRRIGATION.

Le trop grand morcellement de la propriété a encore le grand inconvénient de ne pas permettre d'utiliser l'eau pour l'irrigation des terres qui pourraient être converties en prés. Il est vrai qu'une multitude de mauvaises usines ont des droits qui ne permettent pas de les détourner au profit de l'agriculture.

Dans quelques cantons de la Suisse, et dans le midi de la France, des travaux immenses ont été exécutés aux temps anciens pour se procurer des eaux d'irrigation. Dans ce but, on voit des montagnes réunies par de vastes chaussées, et des bras de rivières détournés de leur cours naturel.

Les eaux ont ensuite été réparties entre les divers terrains qu'elles pouvaient fertiliser, au prorata de leur étendue.

En *Suisse*, dans certains cantons, les eaux appartiennent au sol, et la législation ne permet pas d'aliéner l'un sans l'autre ; car il est de droit public que les fonds doivent produire tout ce qu'ils peuvent produire.

Si jamais notre Code rural admettait une pareille

législation, une exploration générale de notre sol deviendrait nécessaire, et l'on aurait à regretter qu'en s'occupant à dresser la nouvelle carte générale de France on n'ait pas utilisé les talents des officiers d'état-major chargés de ce travail, en fixant leur attention sur cette partie de la topographie qui aurait eu pour but un système complet d'irrigation partout où les localités y prêtaient.

Par des travaux entrepris en grand dans ce but éminemment utile, que de terrains sans valeur aujourd'hui deviendraient précieux ! que d'eaux, ravageant périodiquement nos contrées, seraient employées à les fertiliser ! que d'usines misérables, chômant souvent moitié de l'année, deviendraient précieuses, transportées au-dessous de ces amas d'eau qui commenceraient par vivifier l'industrie avant d'aller fertiliser nos champs !

PETITE ET GRANDE CULTURE.

Le morcellement de la propriété nous amène naturellement à dire un mot de la grande et de la petite culture.

Les partisans de la grande culture font valoir en sa faveur que, produisant économiquement (1) et bien au-delà de sa consommation, elle approvisionne les villes et peut seule pourvoir aux besoins des an-

(1) La petite culture produit chèrement, parce qu'elle calcule que tout ce qu'elle ne paie pas en argent ne lui coûte rien.

nées de disette ; tandis qu'ils reprochent à la petite propriété d'absorber tous ses produits.

Sous ce rapport, le reproche est fondé ; mais, en compensation , elle fournit à l'Etat une population saine et vigoureuse qui est la force vive des nations. Car, ainsi que l'a très bien dit Lamartine , « il n'y a « qu'une vraie et durable richesse : c'est une terre « féconde, mère d'une population nombreuse, une « épée pour la défendre , et une charrue pour la-« bourer (1). »

La petite culture favorise aussi l'industrie, en donnant un débouché aux produits manufacturés qui sont à son usage.

L'une et l'autre de ces cultures sont donc bonnes en elles-mêmes, le tout est de les avoir dans une proportion convenable.

Il serait dans l'intérêt de l'agriculture qu'il y eût par chaque département, par chaque arrondissement, et même par chaque canton , une propriété bien assortie , et d'importance graduée, qui serait , dans l'intérêt de l'agriculture, déclarée par la loi impartageable. Elle se transmettrait par vente ou licitation, et deviendrait ainsi, sous certaines conditions, des fermes-modèles sur diverses échelles , qui ne coûteraient rien à l'Etat.

Cette institution aurait d'autant plus d'avenir que

(1) Dans quelques cantons du département de l'Isère , une famille de quatre à cinq individus qui ne doit rien , et qui possède une petite maison jointe à un hectare de terre, vit tranquille et heureuse.

les grands propriétaires s'occupent plus aujourd'hui d'agriculture qu'ils ne le faisaient autrefois , et s'en occupent en général utilement.

ÉDUCATION DE LA JEUNESSE DANS SES RAPPORTS

AVEC L'AGRICULTURE.

Le laboureur aisé qui a la louable ambition d'élever sa famille ne connaît pour ses enfants , après l'instruction primaire , que l'étude du grec et du latin , qui devrait être réservée exclusivement aux jeunes gens aspirant au baccalauréat , et se destinant au barreau , à la médecine ou aux sciences.

Les dix années de collége que nécessitent ces études ont l'immense inconvénient, outre la dépense qu'elles nécessitent , de faire perdre à la jeunesse l'habitude de la vie des champs, qu'elle était appelée à honorer par ses succès, et qu'elle ne reprend ensuite qu'avec dégoût.

Mais on demandera peut-être quel genre d'instruction est nécessaire pour faire un bon cultivateur.

A cette question , je répondrai d'abord avec M. Royer, professeur d'économie rurale à l'Institut agricole de *Grignon :*

« On voit d'excellents cultivateurs , fermiers
« même, qui n'ont aucune instruction; il y en a de
« très instruits qui cultivent fort mal. Ainsi, un bon
« jugement , un esprit d'observation qui veut voir
« tout ce que font les autres avant de rien blâmer

4*

« ou de rien changer lui-même à la culture du
« pays, une probité, une loyauté à toute épreuve
« qui attire la confiance et l'estime de tout le monde,
« l'amour du travail, de l'ordre et de l'économie,
« suffisent pour faire en tous pays un bon cultiva-
« teur ; mais l'agriculture est une profession si
« noble et si vaste, qu'elle peut employer les capa-
« cités et utiliser l'instruction des hommes les plus
« éclairés de tous les pays. »

Ensuite j'ajouterai que dans presque tous les
colléges, et notamment au collége royal de Lyon,
il existe une excellente école spéciale de commerce.
La durée du cours n'étant que de trois ans, et pouvant être réduite à deux, n'a point les inconvénients
des hautes études : les cours qu'on y suit sont
d'ailleurs infiniment mieux adaptés à la position des
fils de laboureurs aisés. Voici le programme de
cette école :

1ᵉ année. — Ecriture, arithmétique, grammaire
française, langues vivantes, histoire de France,
géographie et dessin ombré.

2ᵐᵉ année. — Arithmétique, géométrie, langue
française, comptabilité, histoire naturelle, langues
vivantes, histoire de France, géographie et dessin
ombré.

3ᵐᵉ année. — Géométrie, dessin linéaire, dessin
ombré, rhétorique française, langues vivantes, cours
de physique facult... comptabilité, tenue des livres
et cours de commerce.

NÉCESSITÉ DE FAIRE DES EXPÉRIENCES.

L'agriculteur craint trop, en général, d'essayer de nouvelles cultures ; un seul mauvais succès le rebute et le décourage. Cependant la pomme de terre, le trèfle et l'esparcette (pélagras), ces trois plantes qui font aujourd'hui la richesse de nos pays, ne s'y sont introduites qu'en triomphant des préjugés de la routine, et qu'à la suite d'une foule d'essais dont beaucoup avaient paru donner des résultats peu satisfaisants.

La plus utile découverte ne se fait jour et ne grandit qu'après s'être épurée au creuset de l'expérience.

Il faut donc de la persévérance pour arriver à naturaliser une nouvelle culture ou une nouvelle industrie.

Les anciens du pays peuvent se rappeler combien fut lente la propagation des plantes que nous venons de citer, combien leur culture suscita de défiance et de critique.

Dans des temps plus récents, n'avons-nous pas vu l'association des fruitières être, dans son origine, repoussée par une partie de la population ? N'a-t-elle pas eu à vaincre les préjugés des femmes, la cherté des premiers établissements, le haut prix que demandaient les fruitiers en l'absence de toute concurrence, le bas prix des produits imparfaits dans le début , et dont la vente était en outre surchargée de faux-frais énormes comme il arrive toujours pour toute industrie naissante qui est obligée de se créer des débouchés?

Eh bien ! aujourd'hui cette industrie a poussé de profondes racines , ses produits améliorés soutiennent avantageusement la concurrence ; on vient nous les acheter sur place, et on les paie comptant.

L'aisance est venue à la suite de cette industrie, et d'une manière si rapide que, partout où il y a des fruitières, le prix des biens-fonds a prodigieusement augmenté.

Toutes les tentatives ne sont pas également heureuses ; mais qu'une sur vingt réussisse , et la face d'un pays peut changer. Pour réussir , il faut essayer. Essayer sans une certaine persévérance , c'est s'exposer à discréditer les plus utiles innovations, par l'insuccès qui accompagne presque toujours les premières tentatives.

Dans l'intérêt de notre contrée, on ne saurait trop recommander à ceux qui voyagent d'observer la culture des pays qu'ils parcourent , d'interroger les habitants sur les usages qui diffèrent des nôtres , afin d'en apprécier l'utilité , et d'importer chez nous ce qui serait bon et utile.

Les conscrits , surtout ceux que le hasard envoie dans les départements du nord , peuvent aussi dans ce genre nous rendre des services importants.

NOTRE PAYS DOIT ÊTRE VISITÉ PAR LES TOURISTES, LES ARTISTES ET LES CONVALESCENTS.

D'ici à quelques années, grâce au mouvement général qui porte nos populations à améliorer leurs anciennes voies de communication et à en créer de nouvelles, notre pays sera percé en tous sens par des chemins bons et bien entretenus.

Nos montagnes, situées à proximité de Lyon, sur la route de la Suisse et de la Savoie, parsemées de sites pittoresques, de nombreuses cascades, de grottes encore ignorées, doivent infailliblement attirer un jour les premiers pas des promeneurs touristes.

Les médecins de Lyon pourraient avec grand avantage conseiller le séjour de nos vallées, depuis le mois de mai jusqu'au mois d'octobre, aux malades et aux convalescents auxquels il ne faut que de la distraction, un air pur et frais, avec un soleil radieux, pour recouvrer la santé. Les bains de petit-lait surtout y seraient d'un usage très facile, et beaucoup moins dispendieux qu'en Suisse.

Les artistes trouveraient aussi dans nos montagnes une nature pittoresque à explorer. Les frères *Flandrin*, devenus célèbres dans la peinture, y sont venus chercher leurs premières inspirations; d'autres déjà ont suivi leurs traces.

Nos montagnes, riches en plantes alpines et subalpines, offrent un puissant intérêt aux botanistes.

Les géologues y trouveront aussi des rochers qui abondent en coquillages fossiles, et dont les gisements présentent à la science un vaste champ d'observations.

Il se créerait bien vite dans nos pays des hôtels commodes, des moyens de transport faciles, et tout le confort qui est le nécessaire des artistes, des touristes et des convalescents, s'ils prenaient l'habitude de nous visiter chaque année au retour de la belle saison.

TABLEAUX

ET

DOCUMENTS DIVERS

à l'usage des Cultivateurs.

Il existe dans divers livres des tableaux et documents épars fort utiles à connaître; nous donnons ici ceux que les agriculteurs pourront consulter avec le plus de fruit, en indiquant toujours les ouvrages d'où ils sont tirés, afin que chacun puisse y recourir au besoin : ils sont en général extraits de tableaux beaucoup plus complets.

RAPPORT DES POIDS ET MESURES ANCIENS ET NOUVEAUX.

Mètre. . . . . 3 pieds.
Déci *mètre* : 10ᵉ du mètre.
Centi *mètre* : 100ᵉ id.
Kilo *mètre* : 1,000 mètres. . 1/5 de lieue.
Myria *mètre* : 10,000 id. . 2 lieues (une poste).
Are : 100 mètres carr.
Hect *are* (1) : 100 ares. . . 4 journaux.

(1) Il est souvent utile de pouvoir calculer approximativement la superficie d'une pièce de terre. Il faut, pour cela, prendre l'habitude de faire le pas bien régulièrement d'un mètre.

Les terres arables ont en général la figure d'un carré long.

Alors donc, mesurant au pas l'un des côtés le plus long, et

Litre :	1 décimètre cub.		1/2 pot.
Déca *litre :*	10	litres.. .	2/5 de bichet.
Hecto *litre :*	100	id.. .	1/2 mâconnaise.
10 hecto *lit.*, ou 50 doub. déca *lit.*			40 bichets.
Stère :	1 mètre cube, ou		27 pieds cubes.
Kilo *gramme :*	1,000 grammes.		2 livres (1).
1/2 kilog. :	500	id. .	1 id.
1/4 id. :	250	id. .	1 2 id. 8 onces.
1 8 id. :	125	id. .	1 1 id. 4 id.
1/16 id. :	62 1 2 id. .		1/8 id. 2 id.
1/32 id. :	31 1/4 id. .		1 16 id. 1 id.
Quintal mét.:	100 kilogr. .		200 livres.

ensuite l'un des côtés le plus court, et multipliant ces chiffres l'un par l'autre, on a un produit qui donnera autant d'hectares qu'il contiendra de fois 10,000, autant de quarts d'hectare ou journal qu'il contiendra de fois 2,500, et autant d'ares qu'il contiendra de fois 100.

(1) 40 pièces de 5 fr. pèsent 1 kilogr.

310 pièces de 20 fr. pèsent aussi 1 kilogr.

Donc la valeur de l'or monnayé est à celle de l'argent, comme 1 est à 15 1/2.

Avec des pièces de 5 fr. qui pèsent chacune exactement **25** grammes, 4 pièces d'un fr. pesant chacune 5 grammes, une pièce de 50 c. et une de 25, on peut suppléer tous les poids usuels, et même vérifier leur exactitude.

Métrologie française, Toulouse, 1840.)

STATISTIQUE DES CÉRÉALES.

En 1834, on comptait en France 25 millions et demi d'hectares de terres arables.

Produit des récoltes en France, calculé sur la moyenne des années 1825, 1826, 1827 et 1828.

Froment . . . . . hectol.	60,555,000
Autres grains. . . . . . id.	114.758.000
Pommes de terre et châtaignes. id.	46.258.000

(Moniteur de la Propriété, 1835.)

Le produit de l'hectare de terre est, terme moyen, pour toute la France :

			kil.
Froment. . . . hectol.	12.51	pesant	75
Méteil.	13.04	—	72
Seigle.	10,72	—	70
Orge	12,65	—	64
Avoine	14,66	—	47
Sarrazin	12,19	—	65
Moyenne des céréales. . .	12,45	—	68
Pommes de terre	300	—	75

(Cultivateur, 1850 et 1851.)

Dans notre arrondissement la moyenne de production est plus forte, et surtout meilleure en poids.

Ces diverses substances sont cultivées en France dans les proportions suivantes :

Froment	0.28
Méteil	0,06
Seigle	0,14
Orge	0,07
Avoine.	0,18
Sarrazin	0,04
Maïs	
Millet	
Légumes secs. . . .	0,06
Menus grains. . . .	
Pommes de terre . .	0,15
Châtaignes	0,02

CONSOMMATION DES RÉCOLTES CÉRÉALES. — MEUNERIE, BOULANGERIE.

Pour les semences	16 p. 0,0
Brasseries et distilleries	2
Nourriture d'animaux domestiques.	19

A quoi il faut ajouter :

1° Pour déchet à la ferme, au magasin, aux moulins, et pour son . . . 25

2° Pour déchet sur les farines, par altération, transport, dégâts d'animaux rongeurs , etc. 10

Voilà donc un prélèvement de . . 70 p. 0,0 avant de faire la part de la population.

On calcule que 560 litres de blé sont nécessaires pour la nourriture d'un homme pendant un an.

Quand on substitue d'autres grains au froment, c'est au poids et non à la mesure que la substitution doit se faire, et encore dans ce cas il y a déficit de valeur nutritive.

Dans notre pays le meûnier se paie en nature, et prélève 1/20 :   soit   5 p. 0/0

Déchet pour la mouture, au plus.   .   2

Son gros et recoupe, quantité variable suivant les moulins et suivant ce que demandent les pratiques, de 12 à 15 et même exceptionnellement 20 p. 0 0 : admettons pour moyenne.   15

dont 3/4 gros son et 1 4 recoupe.

A déduire sur 100 kilogr. de grain.   20

Il reste 80 kilogr. de farine dite mouture *à tout*, c'est-à-dire que toutes les farines provenant soit de la mouture du blé, soit du repassage du son sous la meule, sont mêlées ensemble pour ne faire qu'une seule espèce de farine.

Dans les petits ménages qui achètent du froment pour faire leur pain, on prélève en général 7 p. cent de son. (M. Harpin prétend qu'il n'en contient réellement que 5 p. cent.)

Les règlements militaires prescrivent de prélever 10 p. cent de son sur le grain tout froment destiné à confectionner le pain de munition.

M. de Dombasle a constaté par de nombreuses expériences que cent kilogr. de farine produits par
quelque espèce de grain que ce soit et quel que soit
le prélèvement en son, donnent toujours 145 kilogr.
de pain : donc 100 kilog. de blé , qui ont produit
80 kilogr. de farine, donnent 116 kilogrammes de
pain (1).

C'est aux procédés perfectionnés de la meûnerie
et de la boulangerie que ce résultat est dû.

Pour juger de leurs progrès depuis deux siècles ,
il suffira de citer une ordonnance de Louis XIV, de
1658 , défendant aux boulangers de repasser le son
sous la meule : « cette nourriture , » portait l'ordonnance , « étant indigne d'entrer dans le corps hu-
« main. »

Aujourd'hui on estime que le résultat de cette opération donne la meilleure farine , qu'on réserve à
Paris pour le pain de luxe , dit pain *de gruau.*

Vers 1700 on évaluait le rendement de 120 kilog.
de blé à 90 ou 95 kilogr. de pain.

Il n'y a pas longtemps encore , on calculait qu'un
kilog. de grain donnait seulement un kilogram. de
pain.

(1) La *Maison rustique du* 19e *siècle* , tome 5 , page 402 ,
donne les plus grands détails et beaucoup de tableaux sur les
grains , la meûnerie et la fabrication du pain.

RATIONS MILITAIRES.

Pain.	kilogram.	0,750
Viande fraîche ou bœuf salé.	id.	0,250
Lard salé.	id.	0,200
Riz.	id.	0.030
Légumes secs.	id.	0,060
Sel.	id.	0,1/60
Ration de vin.	litre	0,1/4
— d'eau-de-vie. . .	id.	0.1/16
Sel nécessaire : par an et par tête.	kilogram.	6
Beurre.	id.	12

Pour salaison d'un cochon, on emploie 50 p. cent
du poids du lard à saler.

RATIONS DES CHEVAUX DE TROUPE.

Carabiniers :
Cuirassiers : 5 k. foin, 5 k. paille, 8 lit. 1/2 avoine.
Dragons :
Cavalerie légère : 5 foin, 5 paille, 6 1/2 avoine.

Les chevaux de troupe sont très bien entretenus
avec cette ration, qui partout ailleurs serait insuffisante ; mais il faut compter comme supplément de
nourriture le pansement régulier à la main deux fois
par jour, et la grande exactitude dans la distribution
de la ration sous le rapport du poids et de l'heure.

FOURRAGES ET PAILLES.

Un hectare produit en moyenne :

		veit.	sec.
Herbe des prés. . . kilog.	13,500	2,793	
Trèfle	25,800	4,998	
Esparcette	19,000	3,999	
Luzerne.	26.200	5,504	
Froment paille. . .		5,500	
Seigle id.		3,500	
Avoine id.		3,000	
Orge id. . . .		2,200	
Pommes de terre . .	27,000	7,560	
Raves (ou Navets). .	50,000	5,000 (1)	
Betteraves	50,000	4,500	

(*Connaissances utiles*, 1855.)

Voici des documents puisés dans le Journal d'agriculture du département de l'Ain (année 1859, page 110), qui donnent un chiffre plus élevé pour la différence des fourrages verts aux fourrages secs :

Cent kilogrammes de trèfle ou luzerne coupés quand les fleurs d'en bas commencent à passer, et séchés suivant la pratique ordinaire,

se réduisent à . . . . . kilogram.   55,27

Séchés à outrance, à   52,44

Après fermentation au tas, à . .   29,69

(1) Réduites aux parties sèches.

Les mêmes cent kilogrammes consommés en vert équivalent à 57,50 kilog. du même fourrage séché. Donc il y a 8 p. cent à gagner à faire consommer le fourrage vert plutôt que sec.

Les fourrages, après la fermentation, éprouvent un tassement qui est ordinairement un quart ou un cinquième de la hauteur de la masse ; ce qui a introduit l'usage de profiter du vide opéré par le tassement, pour loger les récoltes de céréales.

Après la fermentation, le fourrage éprouve aussi un déchet dans le poids, qui varie de 5 à 10 et jusqu'à 15 p. cent, suivant qu'il a été rentré plus ou moins sec. On peut évaluer ce déchet à 6 ou 7 pour cent en moyenne.

PROPORTION QUI EXISTE ENTRE LA PAILLE ET LES GRAINS.

Chaque hectolitre de

Froment pesant kil.	84	donne	paille kilog.	168
Seigle —	78 1/2	id.	id.	196
Orge —	62	id.	id.	98
Avoine —	47 1/2	id.	id.	78

Expériences faites sur des récoltes exemptes de mauvaises herbes et bien venues, comme on peut en juger par le poids des grains. (D. Cn.

Moll, dans son *Manuel d'Agriculture*, estime ainsi la proportion de la paille au grain :

Froment : kilog.	100	donnent : paille kilog.	214
Seigle : —	100	id.	id. —	245
Orge : —	100	id.	id. —	155
Avoine : —	100	id.	id. —	110

VALEUR NUTRITIVE DE DIVERSES SUBSTANCES ALIMENTAIRES.

Sont égaux à 100 kilogrammes de bon foin de prairies naturelles, pour la nourriture des bestiaux :

103 kil. regain.
100 — foin de trèfle, luzerne ou vesces.
 95 — foin de trèfle ou luzerne, coupé avant fleur.
 90 — sainfoin sec.
425 — trèfle ou vesces en vert.
400 — luzerne ou spergule vertes.
300 — maïs ou millet vert.
600 — choux.
420 — paille de seigle.
350 — — de froment.
290 — — d'orge ou d'avoine.
175 — — de pois ou de vesces.
150 — — de lentilles.
200 — — de féveroles.
275 — — de sarrazin.
250 — — de millet.
400 — — de maïs.
200 — pommes de terre crues. ⎫
175 — *id.* *id.* cuites. ⎬ (1)
218 — betteraves blanches de Silésie.
380 — betteraves champêtres ou disettes.

(1) La pomme de terre crue ou cuite à la vapeur a le même poids.

275 kil. carottes.

300 — rutabaga.

500 — navets.

53 — avoine ou sarrazin.

54 — orge.

50 — seigle ou maïs.

42 — froment.

40 — pois ou féveroles.

52 — haricots ou lentilles.

57 — tourteaux de colza ou navette.

50 — — de lin.

70 — glands.

60 — châtaignes.

160 — baies de pois, vesces, lentilles, blé, avoine ou sarrazin.

90 — feuilles séchées de peuplier récoltées vertes.

(Moll, *Manuel d'Agriculture.*)

Cette table devra être consultée souvent ; car, pour substituer une nourriture à une autre, il faut comparer la valeur vénale des aliments et leur valeur nutritive. Un certain lest est nécessaire dans la panse des herbivores ; on devra donc avoir soin, quand on donne des farines qui sous un petit volume nourrissent beaucoup, d'augmenter proportionnellement la ration de paille.

Comme la nourriture donnée au bétail produit du fumier à proportion de sa valeur nutritive, sous ce rapport encore on devra consulter ce tableau.

5

VALEUR COMPARÉE DE DIVERSES PAILLES COMME
FOURRAGE ET COMME LITIÈRE.

D'après l'analyse chimique soigneusement faite de diverses pailles, *M. Sprengel* leur assigne une importance relative différente comme valeur nutritive et comme engrais ou litière ; il les classe dans l'ordre suivant :

Comme valeur nutritive :	Comme litière :
1 Paille de millet.	Paille de colza.
2 —— maïs.	—— vesces.
3 —— lentilles.	—— sarrazin.
4 —— vesces.	—— fèves.
5 —— pois.	—— lentilles.
6 —— fèves.	—— millet.
7 —— colza.	—— pois.
8 —— orge.	—— orge.
9 —— seigle.	—— froment.
10 —— froment.	—— seigle.
11 —— avoine.	—— maïs.
12 —— sarrazin.	—— avoine.

(*L'Agronome*, 1855, p. 115.)

Cette table a été dressée d'après l'analyse chimique, et non d'après des expériences faites sur des bestiaux. Elle a sûrement de l'exactitude pour la valeur nutritive : mais, pour la valeur comme litière, les composants chimiques des pailles ont peut-être moins d'importance que leurs qualités absorbantes.

RATION DES HERBIVORES.

Pour toute espèce d'herbivores la ration d'entretien est estimée à 2. 1/4 p. % du poids de l'animal vivant, de bon foin ou son équivalent.

Quand, outre l'entretien du bétail, on veut en tirer un produit en chair, laine, lait ou travail, la ration d'entretien ne suffit plus, et il faut ajouter pour produire la chair 1. 3/4, et pour les autres produits 1. 1/2 p. %. (Moll, page 189.)

Pour les moutons, la ration d'entretien ne pouvant se séparer de la ration de production laine, elle doit toujours être de 5. 1/2 p. %.

Quand on veut engraisser, la ration devant fournir à deux productions, laine et chair, il faut encore y ajouter 320 à 420 kilogrammes pour fournir un quintal métrique de chair. (Boussingault.)

ENGRAIS, LEUR PRODUCTION.

Rappelons ici que 100 kilogrammes foin consommés par quelque espèce de bétail que ce soit, pourvu qu'il soit sain et bien nourri, donnent toujours 200 kil. fumier, sans en excepter la chèvre et les moutons, qui compensent le poids par la qualité; et sans y comprendre les engrais liquides.

Toutes les autres substances données au bétail produisent de l'engrais dans la proportion de leur valeur nutritive.

Par conséquent 100 quintaux paille de seigle donnés au bétail au râtelier seront à peine l'équivalent de 30 quintaux foin et produiront 60 quintaux fumier, tandis que mis en litière ils produiront 300 à 400 quintaux de fumier. Ce calcul demande à être pris en grande considération.

Le fumier a d'autant plus de valeur productive, qu'il est employé frais.

Il y a d'autant plus d'avantage à l'employer frais, que dans les trois ou quatre premiers mois de sa mise en tas il perd un quart ou un tiers de son poids. Passé six mois, à moins de grands soins, il se détériore.

Les bons effets du fumier frais se font sentir très sensiblement pendant trois ans au moins, et le fumier consommé, pendant deux ans seulement.

On voit par là quel avantage il y aurait à adopter un assolement qui permettrait d'employer les fumiers au fur et à mesure de leur production.

Il y aurait, il est vrai, l'inconvénient de la production des mauvaises herbes, mais on y remédie avantageusement par les récoltes sarclées et les récoltes fourragères étouffantes.

Les fumiers frais et pailleux conviennent aux terrains forts, et les fumiers consommés aux terrains légers.

Les urines sont généralement comptées pour moitié dans la production des engrais : mais, malheureusement, leurs bons effets ne se font guère sentir que pendant un an.

Douze ou quinze hectolitres de colombie (fiente de

pigeon), conservés secs et pulvérisés, amendent bien un hectare de terre. Quelques cultivateurs la changent, mesure pour mesure, contre l'orge. On croit généralement que la fiente de poule et autres oiseaux de basse-cour ne le cède guère à la colombie.

Les chimistes donnent pour cause de la grande valeur de la colombie, que cet engrais représente confondus les excréments liquides et solides.

Catéchisme des Cultivateurs.

La proportion entre les litières et les fourrages à consommer se calcule ainsi :

Cent kilogrammes paille de litière pour quatre ou cinq cents kilogrammes fourrage, suivant que le bétail est nourri au vert ou au sec.

EMPLOI DES ENGRAIS.

M. de Crud estime ainsi la quantité de bon fumier nécessaire pour réparer l'épuisement du sol :

Pour chaque hectolitre, produit en sus de la semence :

Froment. . . kilogr. fumier.	622
Seigle.	502
Orge.	511
Avoine.	249
Colza	933
100 kil. pommes de terre. . .	88
100 *id.* betteraves	50
Trèfle coupé en vert et séché s'il est vigoureux.	6

Par bon fumier on entend celui produit par du bétail bien nourri, mêlé à une petite quantité de litière, modérément humide, et pris à deux ou trois mois de séjour dans un tas bien soigné.

M. Nivière a trouvé pour résultat de ses expériences que 100 kilogr. fumier judicieusement employés rendaient, en deux ou trois ans, 10 kilogr. grains de diverses espèces, et par conséquent que 100 kilogr. fumier étaient nécessaires pour réparer l'épuisement du sol qui avait produit 10 kilogram. grains.

Il a encore trouvé que 100 kilogrammes fumier, mis en couverture sur les prés, produisaient 75 kilog. foin en deux ou trois ans.

Il est évident, par toutes ces observations, qu'en agriculture la quantité des engrais est encore d'une plus grande importance que la qualité du sol et le travail.

Par ces divers calculs on voit qu'en récoltant ou en achetant 50 kilogr. foin, outre le bénéfice que donne le bétail qui doit le consommer, on doit encore porter en ligne de compte 100 kilogr. fumier, qui reproduiront 10 kilogr. de grains, dans l'espace de deux ou trois ans; plus la paille, qui doit encore reproduire de nouveaux engrais et de nouveaux grains.

Quand donc on veut évaluer l'espérance de la récolte prochaine, il ne faut pas supputer le nombre de mesures de grains qu'on veut semer, ce calcul ne doit servir qu'à se rendre compte des frais de culture : il faut aller à son tas de fumier, et le cuber.

Or chaque mètre cube de fumier, pesant
chez nous environ. . . . . kilogr. 1,100

Produira en grains de diverses espèces,
environ. . . . . kilog. 110

C'est-à-dire, 150 litres approximativement.

On a vu qu'il faut pour la nourriture d'un homme
pendant un an, blé. . . . . 560 litres,
Pesant . . . . 288 kilog.
Pour produire 288 kil. grains il
faut, fumier 2,880
Pour produire 2,880 kil. fumier
il faut, foin 1,440

Soit, environ 29 quintaux foin, poids ancien, ou son équivalent en autres denrées : c'est la quantité employée ordinairement à l'hivernage d'une vache dans nos pays. De sorte qu'on peut dire d'une manière certaine que chaque vache fournit plus que l'engrais nécessaire à produire la nourriture d'un homme pendant un an, si l'on consacre cet engrais à produire exclusivement des céréales.

On voit par tous ces précédents que l'agriculture est l'art de transformer continuellement les produits de la terre en engrais, pour les employer encore à de nouvelles productions.

Le bétail est la machine de transformation dont on se sert le plus habituellement.

Quelle est celle de ces machines qui opère cette transformation au meilleur marché ?

Voilà un problème agricole des plus importants à résoudre.

M. Nivière s'en est particulièrement préoccupé, et, après bien des essais consciencieux, il a déclaré que c'était le bœuf à l'engrais.

Dans notre pays nous pensons que c'est la vache, dont le produit est mis en fruitière.

Dans d'autres contrées on pense que c'est le mouton.

Quoi qu'il en soit, c'est un problème que chacun doit résoudre suivant sa position particulière, et, dans tous les cas, après mûre réflexion.

Quelques personnes estiment ainsi la quantité d'engrais consommée par chaque récolte, dans le cours d'un assolement :

1re année	. . .	3/6e.
2me —	. . .	2/6e.
3me —	. . .	1/6e.
6		6
1re année	. . .	6/21e.
2me —	. . .	5/21e.
3me —	. . .	4/21e.
4me —	. . .	3/21e.
5me —	. . .	2/21e.
6me —	. . .	1/21e.
21		21

Il ne s'agit que de renverser la colonne du nombre d'années que dure l'assolement, et de donner pour dénominateur à la fraction la somme de toutes les années que dure l'assolement.

Je ne regarde ce calcul admissible que comme une approximation très large, et sujette à des erreurs notables.

On ne devra donc en faire l'application qu'avec défiance et en cherchant à rectifier, par l'expérience, ce qu'elle pourrait avoir de défectueux.

MARNE, CHAUX, CENDRE. — (M. DE PUVIS.)

La chaux, la marne et la cendre élèvent les produits de deux semences sur les céréales, et les doublent presque pour les menus grains.

L'effet de la cendre se fait sentir deux ans : on l'emploie lessivée à raison de 20 à 25 ou 30 hectol. au plus par hectare; on augmente son effet en y mêlant 1 6 en poids de chaux en poudre ; on fait alterner la cendre de deux ans en deux ans avec le fumier d'étable.

Par l'analyse des meilleures terres de Flandre, on a reconnu qu'elles contenaient 2 1 2 à 3 p. % de carbonate de chaux ; d'où l'on a conclu que c'était la dose qu'on devait donner artificiellement au sol, par l'addition de la chaux ou de la marne.

Il faut donc d'abord s'assurer de la quantité de carbonate que contient la marne, puis de l'épaisseur de la couche de terre remuée par la charrue. Ces données connues, voici le tableau que M. de Puvis donne pour résoudre la question de quantité :

Si la marne contient p. %	Il faudra par hectare, si la couche de terre labourée est de		
	4 pouces :	6 pouces :	8 pouces :
20	4,754 pieds c.	7,161 pieds c.	9,424 pieds c.
40	2,568	5,552	4,756
60	1,570	2,554	5,440

5*

Pour faciliter le calcul par voiture, on peut admettre que chacune porte communément 10 pieds cubes, et que le pied cube pèse cent livres (1).

Il faut observer, dit M. de Puvis, que cette dose, nécessaire pour les terrains forts et humides de la Bresse, peut et doit être réduite de moitié, même des deux tiers, dans les terrains secs et légers.

Quand la terre a reçu un premier marnage ou un chaulage suffisant, 5 à 6 hectol. de marne ou 5 hectol. de chaux par hectare et par an, suffisent à son bon entretien; peu importe qu'on donne à la terre cet amendement à des époques plus ou moins éloignées, pourvu qu'elle le reçoive dans les proportions indiquées.

La marne et la chaux s'alternent très avantageusement sur le même terrain, mais ne dispensent jamais de fumer.

Le salpêtre étant un stimulant très utile pour la terre, on peut le produire par la combinaison de certain compost (chaux, marne et fumier), à un certain degré d'humidité et manié à propos.

FOURRAGE TRANSFORMÉ EN CHAIR, ET ESTIMATION, CHAIR NETTE, D'UN ANIMAL VIVANT.

Vingt kilogr. de foin, ou l'équivalent, donnés à des bœufs à l'engrais, sous des conditions favorables, produisent un kilog. de chair. (GROGNIER.)

---

(1) Je conserve ici, à l'exemple de M. de Puvis, certaines dénominations anciennes qui sont plus familières aux habitants de la campagne.

Dombasle a calculé qu'en passant un ruban entre es jambes de devant d'un bœuf, et en joignant les deux bouts sur le garot,

m. c.		kilo₃.
1,81	donne en chair nette . .	175
1,89	. . . .	200
1,97	. . . .	225
2,04	. . . .	250
2,11	. . . .	275
2,17	. . . .	300
2,23	. . . .	325
2,28	. . . .	350
2,33	. . . .	375
2,38	. . . .	400
2,43	. . . .	425
2,48	. . . .	450
2,53	. . . .	475
2,57	. . . .	500

L'animal doit être placé bien droit, les pieds de devant sur la même ligne, le cou bien horizontal.

Le *Journal des Connaissances utiles* (année 1835) donne les proportions suivantes :

Si c'est un bœuf de travail, chair nette	50 p. %
S'il est depuis deux mois à l'engrais.	55
S'il est en bonne chair	65
S'il est gras	70
S'il est fin gras	75

La *Maison rustique du XIXe siècle* donne ainsi le détail d'un bœuf mi-gras tué à l'âge de 4 ans, d'après sir *John Sinclair :*

Il pesait vivant		719 kil. 1 2
Suif.	66 1/2	
Peau	59 1 2	
Tête et langue	17	
Cœur, foie, poumons. .	9 1/2	216 1 2
Pieds	8	
Entrailles et sang . . .	76	
Viande nette.		503
Total égal . . .		719 1 2

On trouve à la suite les mêmes tableaux pour veaux, moutons, porcs, etc. (Vol. 2, page 390.)

FOURRAGE TRANSFORMÉ EN LAIT, ET LAIT TRANSFORMÉ EN FROMAGE.

Quarante litres de lait sont le produit élevé de cent kilogrammes de foin.

Quand on vise à produire du lait, la nourriture doit être en outre très délayée, et donnée tiède, si l'on peut.

Mille soixante-dix-sept litres de lait, pris en moyenne sur toute l'année, donnent cent kilogr. de fromage de Gruyère fabriqué gras.

(L'Art de fabriquer le beurre et les meilleurs fromages.)

Autant de kilogr. de beurre prélevés sur la fabrication, autant de deux kilogr. de fromage de moins , disent les marchands de fromage ; et sa qualité diminue en proportion du prélèvement.

Douze cents litres de lait , pris en moyenne sur toute l'année , produisent cent kilogr. en fromage de Gex et beurre : mais moins on prélève de beurre. plus il y a profit pour le fabricant.

La quantité de prélèvement en beurre varie. suivant l'exigence des sociétaires d'une fruitière, de 5 à 25 , et même jusqu'à 30 p. cent.

Le lait pèse environ un kilog. par litre.

On voit que le lait de vache ne donne pas 10 pour cent de son poids en beurre ou fromage.

Dans le département de l'Aveyron, où l'on utilise le lait de brebis , il donne 20 pour cent.

Dans les pays de grande fabrication de fromage , on fait crêmer le petit-lait, dont on obtient un beurre inférieur qui se consomme dans le ménage ; fondu, il est impossible de le distinguer de l'autre.

En Auvergne , on le fait crêmer dans des tonneaux coupés en deux (1) : on l'y laisse sept jours ; ensuite on enlève la crême avec une espèce d'écumoire , on la met dans une gerle où on la laisse encore deux jours avant de fabriquer le beurre.

Le petit-lait, résidu de la crême et du beurre, est ensuite donné aux porcs : on peut en nourrir un par dix vaches pendant tout l'été. Cette nourriture leur

(1) On est persuadé que les tonneaux qui ont servi aux vins favorisent beaucoup la sécrétion de la crême.

suffit, et se paie 20 fr. par tête. Dans les fruitières suisses on pousse ce nombre à 12 p. cent, et dans certains cantons d'Auvergne il s'élève jusqu'à 33 pour cent; mais alors, sans doute, on leur donne un supplément de nourriture.

(Annales de l'Agriculteur, 1833.)

En Angleterre, on estime qu'il faut 100 litres de petit-lait vert pour produire un kilogr. de beurre. Dans quelques localités de France, on admet aussi le même calcul.

En Hollande, une vache donne par semaine, en beurre de petit-lait : kilogr. 0,56.

(Maison rustique du XIXe siècle.)

Lullin donne ainsi le produit d'une vache suisse donnant 2,219 litres de lait :

Fromage de Gruyère.	150 kil.	90 fr.	
Beurre	42	31	50
Seret	100	5	»
A quoi il faudrait ajouter :			
Un veau.		15	
Et 1 10° de la nourriture d'un porc.		2	
Total. . .		143	50

Dans les grandes vacheries des montagnes d'Auvergne, on calcule que les plus petites vaches doivent donner au moins 1,000 litres de lait dans l'année : 600 dans les quatre mois qui suivent le velage, 400 dans les quatre mois d'après.

Chaque vache produit 100 kilogr. de fromage : 50 dans les quatre premiers mois, et 50 dans les quatre suivants ; en sorte qu'on voit qu'entre ces deux périodes de quatre mois , la quantité se compense par la qualité.

Ces fromages dits *formes* se vendent , en gros, de 56 à 40 fr. les 50 kilogrammes.

On est dans l'usage de faire un élève sur deux vaches , et dans la proportion d'une femelle pour quatre mâles. Les élèves se vendent à l'automne : les mâles 50 fr., les femelles 55 environ.

LAIT TRANSFORMÉ EN BEURRE.

26 à 28 litres de lait, en moyenne, sont nécessaires pour fabriquer un kilogr. de beurre.

La température la plus avantageuse pour une laiterie est de 12 degrés centigrades (10 degr. Réaumur).

La crème , mise dans la baratte à cette température , augmente d'un degré par le battage.

A 15 degrés centigrades, on a le plus de beurre.

A 12 ou 13, on a le beurre de meilleure qualité.

(L'Agronome. 1855 , page 541.)

100 litres de lait donnent, en moyenne, 15 litres de crème.

15 litres de crème donnent communément , en beurre , kilogr. 5,50. C'est un peu moins de 4 litres de crème pour un kilogr. de beurre.

(Maison rustique , 5ᵉ vol. ,

Poids du lait, le litre. . kil.	1,05
— de la crème, id. . . .	0,81

La crème peut se conserver cinq ou six jours dans un endroit frais.

L'accroissement de neuf veaux, mis en expérience, a donné pour résultat :

Augmentation pour chacun des huit premiers jours, en moyenne, par tête. . . kilogr. 1,39

Dans les dix jours suivants l'augmentation n'a plus été, en moyenne, que de 0,96

Cette progression décroissante continue moins rapidement, il est vrai, jusqu'à l'âge où l'accroissement cesse. *L'Agronome, 1841, page 649.*

Selon M. de Dombasle, les veaux qu'on destine à la boucherie consomment dans le premier mois six litres de lait par jour, et augmentent de 0,80 kil. : ce qui fait que 7 litres 1·2 de lait produisent 1 kilog. de chair. (Il est question ici de la petite race lorraine.)

A Metz, les veaux se vendent, à 6 ou 8 semaines, 60 cent. le kilog. poids vivant, ou 1 fr. chair nette.

Ces veaux consomment, en moyenne, pendant ce laps de temps, 10 litres de lait par jour, et augmentent d'un kilog.: ce qui fait que quand on élève jusqu'à 6 ou 8 semaines, il faut déjà 10 litres de lait pour produire un kilog. de chair.

Passé cette époque, les animaux consomment toujours plus et profitent moins.

Les mâles profitent et consomment plus que les femelles.

Les veaux de Montargis, pesant 60 à 80 kilogr., chair nette, se vendent à Paris 1 fr. 20 à 1 fr. 60 le kilog. A ce prix, le lait se trouve payé 10 cent. le litre

(Catéchisme du Cultivateur, page 140.)

En Angleterre, on calcule qu'un veau consomme en 7 semaines 725 litres de lait, et augmente de 50 kilog. pendant ce même temps.

La consommation est ainsi répartie :

Première semaine	45 litres.
Deuxième —	72
Troisième —	90
Quatrième —	110
Cinquième —	125
Sixième —	157
Septième —	146
Total . . .	725 litres.

Il est fâcheux qu'on n'ait pas joint à ce tableau le chiffre de l'accroissement, il aurait certainement donné la preuve qu'il est en raison inverse de la consommation.

La chair nette est à l'animal vivant comme 4 à 7 ; d'autres personnes disent . comme 6 est à 9.

IRRIGATION.

L'eau d'irrigation doit être à la température de 15 à 20 degrés centigrades.

Un pour 200 est une pente suffisante pour mener l'eau à quelque distance que ce soit.

Quand on veut faire répandre l'eau en nappe pour l'irrigation, la pente des rigoles, qui en pareil cas doit toujours être tracée au niveau, peut varier de 1 pour 400 à 1 pour 600, et même jusqu'à 1 pour 800, suivant le volume et la chasse de l'eau, et suivant aussi que les rigoles sont plus ou moins bien entretenues.

Les rigoles doivent être espacées de 25 à 30 mètres, et alternées de rigoles à reprise d'eau qui sont ordinairement de niveau.

Il est quelquefois utile d'avoir des rigoles à contre-pente pour ramener l'eau de l'extrémité des pièces vers le milieu.

GRAINES NÉCESSAIRES A L'ENSEMENCEMENT
POUR PRAIRIE ARROSÉE.

Quantités pour 1 hectare.		Prix du kilog.	
80 kil.	Avoine élevée-Fromental . .	» f.	50 c.
20	Houque laineuse	1	60
20	Vulpin des prés.	5	»
8	Fléole des prés Timothy . .	2	80
20	Fétuque des prés	2	50
8	Ivraie vivace.	1	60
8	Paturin des prés	5	»
4	Flouve odorante.	2	60
8	Lupuline-trèfle jaune . . .	»	80
1	Trèfle blanc	2	»

POUR PRAIRIE NON ARROSÉE.

80	Avoine élevée-Fromental . .	»	50
20	Houque laineuse	1	60
4	Fétuque des brebis . . .	2	50
4	Fétuque rouge	2	50
20	Fétuque des prés	2	50
8	Pimprenelle grande	»	80
20	Sainfoin (esparcette). . . .	»	50
8	Lupuline-trèfle jaune . . .	»	80
1	Trèfle blanc	2	»
4	Flouve odorante	2	60
10	Dactyle pelotonné	2	»

	Par décimètre cube.	Par pied cube.
Sapin sec. . .	kil. 0,55	kil. 18 00
Chêne-cœur. . . .	1,17	40 07
Hêtre.	0,84	32 28
Frêne (1). . . .	0,84	32 28
Bloc de pierre. . .	2,71	92 89
Chaux en pierre. . .	0,95	35 18

	Par litre.
Eau. . . .	kil. 1,00
Vin.	0,99
Alcool.	0,79
Huile.	0,92
Vinaigre.	1,01
Lait.	1,03
Crême.	0,84

(Connaissances utiles , réimpression.)

En supprimant la virgule décimale à la colonne des décimètres cubes ou des litres, on a le poids de l'hectolitre. Si, après avoir supprimé cette virgule , on ajoute un zéro , on a celui de dix hectolitres, soit d'un mètre cube.

(1) Les bois développent du calorique à la combustion , en proportion de leurs poids , pesés secs.

Le sapin perd de son poids en séchant. . .	45 p. %
Le hêtre.	40
Le chêne.	54
Le frêne.	28

(Maison rustique du XIXe siècle , 4e vol.

Il est très difficile d'évaluer le poids de la terre, attendu qu'il est très variable, suivant ses divers composants et son plus ou moins d'humidité. On peut pourtant l'estimer approximativement à 1,350 kilogr. par mètre cube : c'est le poids que M. de Puvis donne à la marne ; je la considère cependant comme généralement plus légère que la terre arable.

Dans notre pays, les fumiers de la race bovine, du moins ceux qui sont bien tenus, peuvent s'évaluer à 1,100 kilog. le mètre cube (40 k. 75 le pied cube). On évalue à 742 kilog. seulement les fumiers pailleux qui sortent des villes (27 kilogr. 50 le pied cube).

(Art de faire le beurre et les meilleurs fromages.)

TRAVAUX PRODUITS PAR DES HOMMES ET DES ANIMAUX
SUR UN TERRAIN HORIZONTAL.

	Poids transportés.	Espace parcouru par seconde.	Durée du travail.
Manœuvre transportant des matériaux et revenant à vide :	kilogr.	mètres.	heures.
Dans une galère. .	400	0,50	10
Dans une brouette. .	60	0,50	10
Sur civière. . . .	50	0,55	10
Sur son dos. . . .	65	0,50	6
Voyageant et portant sur son dos.	40	0,75	7
Cheval attelé, au pas.	700	1,40	10
au trot.	550	2,20	4 50
Chargé à dos, au pas.	120	1,10	10
au trot.	80	2,20	7

La loi anglaise estime la force de traction d'un
cheval à 63 kilogrammes, avec une vitesse de 5,240
mètres à l'heure.

On évalue à 70 kil. la force de traction d'un bœuf
ou cheval de force ordinaire, mesurée au dinamo-
mètre ; ce qui paraît démontrer que la force de traction n'est qu'un dixième du poids à transporter. On
voit aussi que la force d'un cheval équivaut à celle
de sept hommes.

Pour un coup de collier, les animaux peuvent déployer sept fois plus de force que pour un travail régulier.

Quand on augmente la charge, par conséquent la force de traction, on diminue d'autant la vitesse de l'attelage, où les animaux consument en quelques heures les forces qui devaient être employées dans un temps plus long.

Dans des terres de consistance moyenne, peu pierreuses, avec la charrue Dombasle et la charrue Granger, labourant à 19 centimètres (7 pouces) de profondeur et tournant des tranches de 23 centim. de large (9 pouces), la force de traction a été en moyenne de 210 à 220 kilog. C'est donc la force de trois bêtes de trait.

D'après des expériences faites avec soin, il a été reconnu que la force de traction pouvait varier pour la même charge de 1 à 7 sur des chemins également en plaine, suivant que la route est parfaitement sèche et solide ou est dans un état plus ou moins détérioré, et arrive jusqu'à l'état d'un sable mouvant.

(*Connaissances utiles*, 1831, page 62.)

Dans le département de l'Ain, le *maximum* de pente est fixé, pour le tracé des chemins de grande vicinalité, à 6 p. %.

En Angleterre, on rectifie les pentes qui dépassent le 3 p. %.

Pour faire mouvoir un bloc de pierre de 1,080 kil. sur le sol de la carrière, il a fallu une force de 758

Quand on l'a fait glisser sur des planches unies, posées sur le sol, il n'a plus fallu que 652

La même pierre, posée sur une plate-forme de bois et traînée sur le plancher ci-dessus, n'a plus exigé qu'une force de 606

Après avoir savonné les deux surfaces glissant l'une sur l'autre, la force de traction a été réduite à 182

La même pierre, posée sur des rouleaux de 3 pouces et sur le sol de la carrière, a exigé une force de 54

Traînée sur les rouleaux et sur le plancher de sapin, il n'en fallait que . . . 28

Enfin, la pierre posée sur une plate-forme et mue sur des rouleaux placés entre la plate-forme et les planches de sapin, était mise en mouvement par une force de 22

(*Almanach de France*, 1833.)

REMUEMENT DES TERRES.

On paie en général un fort pionnier 1 fr. 80 c. par journée de 12 heures de travail : ce qui fait 15 cent. l'heure. Il doit piocher et remuer à jet de pelle ou charger dans une brouette 12 mètres cubes de terre ordinaire par jour : donc un mètre par heure, au prix de 15 centimes.

Par jet de pelle on entend 5 mètres au plus. Quand on transporte des terres à la brouette, il faut compter, en sus d'une heure pour la foule et le chargement de chaque mètre cube, une autre heure pour chaque relai à parcourir.

Les relais sont calculés à raison de 30 mètres en plaine, et 10 en rampe.

Quand on fait miner un terrain à 50 centimètres de profondeur, un ouvrier en minera par jour 24 mètres (presque le quart d'un are), 2 mètres par heure : donc 7 centimes 1/2 le mètre carré.

Quand on fait faire des fossés d'assainissement, ordinairement de 64 centimètres de large sur autant de profondeur, à cause de la difficulté d'ouvrir constamment la tranchée, le pionnier ne remue plus que 8 mètres cubes de terre par jour, c'est-à-dire qu'il fera 18 mètres courant de fossés, qui reviendront par conséquent à 10 centimes chacun

Un paveur, sur un terrain bien préparé et bien servi pour l'approche des matériaux, pave de 25 à 30 mètres carrés par jour.

6

BOIS ET FORÊTS. — REPRODUCTION PAR SOUCHE.

Se reproduisent de souche :	La meilleure recrue est de ans.	Les souches ne repoussent plus de ans.
Chêne	20 à 60	150 à 200
Hêtre.	20 à 40	60 à 90
Charme	20 à 40	80 à 100
Erable	20 à 40	80 à 120
Orme.	20 à 60	100 à 150
Frêne	20 à 40	80 à 120
Bouleau	20 à 50	50 à 60
Aulne.	20 à 50	50 à 80
Tilleul	20 à 60	100 à 150
Tremble (1) . . .	15 à 30	» »
Peuplier. . . .	15 à 25	40 à 60
Saule.	15 à 25	50 à 40
Tout arbrisseau de 1re grandeur (2) . .	10 à 20	20 à 40
Le châtaignier (5) .	12 à 15	» »
Sapin (4)	» »	» »

(Dictionnaire d'Agriculture pratique. — Forêts.)

On calcule en général que la souche et les racines d'un arbre sont un tiers du bois qu'on voit hors de

(1) Il se reproduit de racine, rarement de souche ; vieux, il ne repousse que de racine.

(2) Ils se reproduisent de souche et de racine.

(5) Pour faire des cercles et échalas.

(4) Ne se reproduit que de graines.

terre : ainsi donc un arbre qui porte en tronc et branches trois stères , en donnera un en souche et racines.

(Maison rustique du XIXe siècle, 4e vol.)

Tout le monde a des livrets du cubage des bois, nous n'en parlerons donc pas ici ; on aurait pu les rendre plus utiles en y joignant une table pour le toisé des murs, des planchers et des toits, en mètres et décimètres carrés.

Il conviendrait d'y ajouter une autre table indiquant en ares , quart d'hectare (soit *journal*) et hectares le produit de deux lignes formant les côtés d'un carré. Le carré long est, comme on le sait, la forme de presque toutes les pièces de terre.

Il faudrait encore y ajouter une page sur le cubage des meules de grains et de fourrages de diverses formes, et sur celui des greniers à fourrage ; une table pour le cubage des tas de fumier , des massifs de terre réguliers et des déblais de fossés , serait le complément de ces livrets.

Une instruction pour cuber les voitures chargées de chaux , de marne ou de fumier , ainsi que pour cuber les tas de pierres entreposés sur les chemins et destinés à leur réparation , serait aussi très utile dans notre pays, où ces transports et fournitures se paient en général au mètre cube.

RECHERCHES SUR LA DURÉE DE LA VIE DES ANIMAUX DOMESTIQUES , SUR LA DURÉE DE LA GESTATION ET DE L'INCUBATION.

	Durée de la vie :	GESTATION.	
		Terme moyen :	Terme moyen :
	ans.	jours.	mois. jours.
Chevaux. . .	20 à 25	330	11 »
Anes. . . .	15 à 20	380	12 20
Vaches . . .	15 à 20	270	9 »
Moutons . .	10 à 15	150	5 »
Chèvres. . .	» »	150	5 »
Porcs . . .	10 à 15	126	4 6
Chiens . . .	10 à 15	60	2 »
Chats . . .	10 à 15	50	1 20
Lapins . . .	10 à 12	28	» 28

INCUBATION.

Dindes couvant des œufs de	poules . . .	24
	dindes . . .	26
	cannes. . .	27
Poules couvant des œufs de	cannes. . .	30
	poules. . .	21
Cannes.		30
Oies.		30
Pigeons.		18

(Connaissances utiles , 1836.)

RENDEMENT EN HUILE DE DIVERSES SUBSTANCES
OLÉAGINEUSES

L'olive. . . .	donne	50 p. %.
Noix, noyaux .		50
Amandes. . .		46
Colza		59
Navette d'hiver .		33
Id. d'été .		30
Chenevis. . .		25
Sapin. . : .		24
Graine de lin .		22
Faîne. . . .	.	12 à 16

(*Le Cultivateur*. 1830.

Les tourteaux (troille) de noix s'emploient à l'engraissement du bétail.

Ceux de navettes et de colza surtout sont employés à fertiliser les terres, dans la proportion de dix quintaux métriques par hectare. En y mêlant un sixième de chaux en poudre au poids, on augmente beaucoup leurs bons effets.

BATIMENTS. ÉTABLISSEMENTS RURAUX.

En Suisse, les étables sont généralement calculées à 1 mètre au râtelier pour chaque tête de gros bétail.

Pour la commodité du service, l'étable doit avoir 4 mètres de largeur; et pour la salubrité, 2 mètres 35 cent. de hauteur.

Dans les constructions neuves, il faudrait donner au moins 10 mètres cubes d'air par tête de bétail (1).

Dans les étables, la pente du plancher ou du pavé de la crèche à la rigole doit être de 1 1/2 à 2 centimètres par mètre.

La pente de la rigole qui reçoit les urines et règne d'un bout à l'autre de l'étable, doit être de 1 centimètre par mètre.

L'écurie belge est calculée à 5 mètres de largeur au moins, pour réserver derrière le bétail une place où s'accumule le fumier de huit ou quinze jours.

Dans leur construction, le sol ayant été rendu imperméable, on emploie beaucoup de litière, de marne ou même de terre pour absorber toutes les urines.

Avec cette disposition, la même quantité de bétail qui consomme la même quantité de fourrage produit le double d'engrais.

Dans ce cas, pour une bonne hygiène il faut élever les planchers et avoir des ouvertures aux deux extrémités des écuries, afin de se procurer une forte aération.

Quand on mène le fumier deux fois par an sur les terres, son emplacement doit être égal à la surface des

(1) Dans les établissements militaires on donne autant qu'on le peut 12 mètres cube d'air par homme valide, et 18 dans les hôpitaux.

On calcule aussi la place des chevaux au râtelier à raison d'un mètre par tête.

écuries. 4 mètres par tête de bétail, et mieux encore 5 ; car les tas ne doivent jamais arriver à 1 mètre 50 cent. de hauteur.

Les fosses à purin, où les Flamands recueillent les égouts de fumier, les urines des écuries, les vidanges des fosses d'aisance, où ils jettent la fiente de volaille et des tourteaux de colza pour les augmenter, sont calculées à raison de 2 mètres cubes par tête de bétail. Un mètre cube par tête de notre bétail serait, je crois, une bonne proportion.

La quantité qu'on emploie de ce liquide pour fumer les terres varie depuis 75 litres jusqu'à 1 hectolitre, et va même exceptionnellement jusqu'à 2 hectolitres par are.

Le magasin à foin, qui est ordinairement au-dessus des étables, doit contenir facilement le fourrage nécessaire pour l'hivernage du bétail qu'elles contiennent. Il est inutile de dire que les planchers doivent avoir une force proportionnée au poids qu'ils doivent supporter.

Les toits de paille bien faits, de 22 centim. d'épaisseur, absorbent 23 à 25 kilogr. de paille par mètre carré.

Cheminées. — On donne presque toujours trop de largeur aux canons de cheminée, et trop de hauteur à leurs manteaux.

Le canon de cheminée doit être un peu couché, de manière pourtant à ce qu'on puisse du foyer l'inspecter dans toute sa longueur; il doit être un peu rétréci par le bas.

Les canons de cheminée doivent avoir :

	pouces carrés.	cent. carrés.
Pour cuisine. . .	200	1,465
Pour chambre. . .	60	440
Pour poêle. . .	36	264

Les cheminées ayant moins de sept mètres de hauteur sont sujettes à fumer.

TABLEAU DU VOLUME DE DIVERS PRODUITS AGRICOLES.

	100 kil. occupent : décim. cubes.		1 mètre cube contient : kilogr.	
Foin de prairies . . .	283	48	121	44
Foin de trèfle	771	44	129	60
Paille de froment . . .	826	54	120	99
Paille de seigle. . . .	825	48	121	44
Paille de grosse orge . .	1,028	54	97	32
Paille d'avoine	826	54	120	99

(Cubage opéré sur grandes masses et après fermentation.)

La masse s'affaisse ordinairement d'un quart ou d'un cinquième après la fermentation.

Le poids diminue aussi de 2 à 15 p. %, suivant que la récolte a été rentrée plus ou moins sèche.

(*Almanach de France*, 1840.)

DOCUMENTS THERMOMÉTRIQUES.

	Degrés centigrades.
Eau bouillante.	100
Eau chaude à y tenir la main . . .	45 à 46
Température de la poule qui couve	42 à 43
— du boue, du chien, du chat, du bœuf, du rat	58 à 59
— du cheval, du lièvre .	57 à 58
— de l'homme en tout pays	57 à 58
— de la terre très réchauffée par le soleil, au fort de l'été, en France.	54
— des bains chauds . .	52
— la plus favorable à la fermentation active . .	20 à 25
— vers à soie	25
— de la fonte du beurre .	19
— des orangeries . . .	17
— la plus favorable aux plantes	16
— des bonnes caves (1) constamment . .	12 à 13

(1) Les conditions qui constituent une bonne cave, sont, outre la température constante de 12 à 13 centigrades, la solidité du sol, et sa perméabilité à l'air, son exposition au nord ou à l'est, et de recevoir peu d'air extérieur et peu de lumière.

Pour le vin, la cave doit être le plus sèche possible, pour les fromages, son degré hygrométrique doit varier de 44 à 70, en raison inverse de sa température thermométrique.

6

	Degrés centigrades.
Température des puits profonds et des sources . . .	11
— de la fonte des neiges .	5,75
Congélation de l'eau ou glace . .	0
— du lait au-dessous de 0	1
— du vinaigre.	2
— de l'eau de mer. . .	5
— de l'encre et du vin ordinaire.	8
Hiver ordinaire de Paris et de Londres.	9
(A cette température la Seine gèle.)	
Congélation de l'eau-de-vie. . .	21
— du lait dans les animaux.	54
— de l'esprit-de-vin . .	57
— du mercure . . .	40

Métrologie française.

LOI DU 5 FRIMAIRE AN VII.

Sont exempts de toute augmentation d'impôts :

1° Pendant vingt-cinq ans l'évaluation primitive des marais desséchés :

2° Pendant dix ans. l'évaluation des terres vaines et vagues depuis quinze ans ;

3° Pendant treize ans. l'évaluation primitive des terres qui. en friche depuis dix ans. auront été plantées en bois ;

4° Pendant quinze ans, l'évaluation primitive des terres qui, vagues ou en friche depuis quinze ans, seront plantées en vignes, mûriers ou autres arbres fruitiers.

Ouvrages à consulter.

Quelques personnes seront bien aises de trouver ici une indication sommaire des livres les plus estimés qui traitent de l'agriculture (1).

Principes raisonnés d'Agriculture, traduit de l'allemand, d'A. Thaër, par M. J. B. Crud : 4 vol. et atlas in-4°. Prix : 56 fr. 50 c.

Cet ouvrage est tout ce qu'il y a de plus complet et de plus exact sur la science agricole. C'est le résultat d'une longue pratique, suivie par un homme habile dans une exploitation subventionnée par le roi de Prusse.

Le climat pour lequel cet ouvrage a été écrit est à peu près le même que le nôtre.

Maison rustique du XIXe siècle, encyclopédie d'Agriculture pratique : 4 vol. grand in-8°. Prix : 55 fr. 50 c.

---

(1) Ce n'est qu'à Paris qu'il existe des librairies spéciales pour l'agriculture. La plus complète est celle de Mad. veuve Bouchard, rue de l'Éperon, 7.

Les demandes se font par lettres affranchies, en envoyant un mandat par la poste.

On peut aussi demander les catalogues, pour s'en avoir sans difficulté.

Cet ouvrage est un cours complet d'agriculture,
sous forme de dictionnaire. Il abonde surtout et
tableaux de résultats, d'expériences faites par les
meilleurs praticiens : il est d'ailleurs tout nouveau, 1839.

Agriculture pratique et raisonnée, par sir John Sinclair, traduit de l'anglais par Mathieu DE DOMBASLE.
2 vol. in-8. Prix : 15 fr.

Partout où l'on rencontre le nom de M. de Dombasle, soit comme auteur, soit comme traducteur,
on peut être sûr de trouver un enseignement utile et
des données exactes. Cet ouvrage est encore un
traité complet d'agriculture.

*Calendrier du bon Cultivateur, ou Manuel d'Agri-
culture pratique :* 1 vol. in-12, par Mathieu DE
DOMBASLE. Prix : 4 fr. 50 cent.

Cet **excellent** ouvrage vaut à lui seul toute une bibliothèque ; il doit être lu, relu, et consulté chaque
jour par les agriculteurs.

*Manuel d'Agriculture, ou Traité élémentaire de
l'Art du Cultivateur,* par M. MOLL, cultivateur,
ancien professeur de l'Institut de Roville, actuel-
lement professeur au Conservatoire royal des Arts
et Métiers : 1 vol. in-12. Prix : 1 fr. 50 c.

Cet ouvrage est le plus substantiel qui existe sur
l'agriculture ; il peut être placé au niveau du *Bon
Cultivateur,* et son bas prix le met à la portée de
toutes les fortunes

Des différents moyens d'amender le sol, par M. de Puvis ; 1 vol in-8°, 1857. Prix : 2 fr. 50 c.

M. de Puvis est l'agronome qui s'est le plus spécialement voué à l'étude des amendements calcaires ; il est le premier qui ait soumis leur emploi à un calcul exact.

Les nombreux écrits publiés par M. de Puvis sur la marne, la chaux, les cendres, l'écobuage, etc., ont exercé une puissante influence sur l'agriculture de notre département, et plus particulièrement dans la Bresse. Les documents épars, contenus dans ces divers ouvrages, ont été réunis et refondus dans celui que nous indiquons ici.

Traité des Engrais, traduit de l'anglais par F. G. Maurice (de Genève) ; 1 vol. in-8°. Prix : 6 fr. 50 c.

Ce traité est très utile à ceux qui veulent soigner leurs engrais et en tirer le meilleur parti possible. Il traite aussi, mais plus superficiellement, des amendements.

Instruction sur l'emploi des engrais liquides, rédigée par le Comité d'agriculture de la Société des Arts de Genève ; par M. de Candolle. Brochure in-8, 16 pages.

Cette partie de notre richesse agricole si précieuse, et pourtant si abandonnée, mérite d'être promptement utilisée. Pour y parvenir, on ne peut mieux faire que de consulter cette excellente brochure.

L'Agriculture pratique de la Flandre; 1 vol. in-8°.
Prix : 7 fr. et 7 fr. 50 c. par la poste.

Cet ouvrage mérite d'être étudié pour les engrais et les amendements, que les Flamands savent si bien alterner, afin de tirer de leur sol un parti étonnant.

L'Art de faire le beurre et les meilleurs fromages, par MM. ANDERSON, CHAPTAL, etc.: 1 vol. in-8°.
Prix : 4 fr. 50 c.
Cet ouvrage est le plus complet sur la matière.

De l'Engraissement des veaux, des bœufs et des vaches, par M. L. F. GROGNIER, professeur à l'École royale vétérinaire de Lyon. Brochure in-12, de 51 pages.
Dans cette brochure, M. Grognier donne avec détail les divers modes d'engraissement suivis dans diverses localités.

Le bon Jardinier. Almanach pour 1842. Fort in-12, de plus de 1,000 pages.
Cet ouvrage se vend toujours avec le Calendrier de l'année courante. Outre des données très exactes sur la culture des jardins, il renferme aussi quelques notions sur la grande culture, les arbres fruitiers, vergers, etc.

Pratique raisonnée de la culture du trèfle et du sainfoin (pélagras), par M. A. BONNOT.
Cette brochure réunit, sous un petit nombre de

pages, tout ce qui a été écrit d'utile relatif à cette culture.

Traité de l'irrigation des prés, par J. BERTRAND; 1 vol. in-12 de 136 pages.

On trouve dans le *Calendrier du bon Cultivateur* sus-mentionné tous les renseignements utiles pour la création des prairies. L'ouvrage de Bertrand sera le complément de ce qui a rapport aux prés susceptibles d'irrigation.

De nombreuses productions périodiques traitent spécialement d'agriculture. Nous ne signalerons ici que le *Journal d'Agriculture, Sciences et Arts de l'Ain*, rédigé à Bourg. — Une livraison par mois. Prix pour l'année : 6 fr.

Le Préfet autorise à porter cet abonnement sur les budgets communaux.

Nous indiquerons encore l'*Almanach de France*, publié par la Société nationale. Cet utile Almanach a déjà dix années d'existence, et se vend en détail 50 centimes. Il est l'équivalent d'un fort volume in-8°. Il donne d'excellents articles relatifs à l'agriculture, et à l'industrie; on y trouve aussi de très bons documents politiques, tels que les divers budgets, etc.

Pour se procurer des graines de choix pour la grande et la petite culture, on peut s'adresser avec confiance au magasin de *M. Simon jeune*, place de la Charité, à Lyon.

Il existe dans la même ville, rue Sainte-Hélène, nᵒ 8, une fabrique d'instruments aratoires perfectionnés, sur les modèles de ceux de Roville.

On trouvera aussi à Lyon, chez tous les marchands de fer, des socs et versoirs de charrues dauphinoises en fer, très bien confectionnés, à 1 fr. le kilogr.

CONCLUSION.

J'ai cherché à réunir ici , dans un cadre étroit, tout ce qui pouvait être d'un intérêt local : heureux si quelques familles laborieuses y trouvent des moyens d'augmenter leur bien-être !

Je l'ai déjà dit en commençant, et je le répète en finissant :

Que chacun travaille à faire prospérer son village, son hameau, son champ ; que chacun double ses produits, et de ce travail individuel résultera l'aisance pour tous, et pour la France en général une prospérité bien autrement grande que celle qu'on poursuit si péniblement dans la carrière du commerce et de l'industrie.

C'est sous l'influence de cette pensée que je me suis livré à ce travail.

FIN.

TABLE.

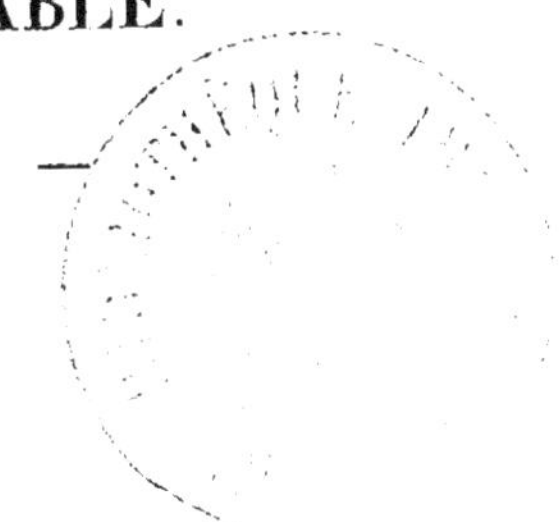

INTRODUCTION.

1re SECTION.

Terres, Engrais, Assolements, etc.

CHAPITRE 1er.

CHAPITRE II.

Etat actuel de l'Agriculture dans nos Cantons.

CHAPITRE III.

Améliorations à introduire dans nos Cantons

FIN DE LA TABLE.